DESSERT

新銳糕點師—餐廳的獨創盤式甜點

L'ARGENT／加藤順一

MAISON／小林里佳子

FARO／加藤峰子

HÔTEL DE MIKUNI／浅井拓也

HOUKA／西尾萌美

大境文化

目錄

使用本書之前

＊ 食譜配方的份量，沒有特別標示時，是方便製作的份量。請視餐廳規模及用途，適度地進行調整。
＊ 烤箱的溫度及烘烤時間，僅提供作為參考。請視機種及烤箱特性，適度地進行調整。
＊「奶油」無特別標記時，使用的是無鹽奶油。
＊「糖粉」無特別標記時，使用的是「全糖粉」。
＊「雞蛋」無特別標記時，使用的是回復室溫的雞蛋。
＊「板狀明膠」無特別標記時，使用的是以冰水浸泡15分鐘後還原的明膠片。
＊「葡萄糖」無特別標記時，使用的是液狀的葡萄糖。
＊「麵粉」標示為T45、T55、T65，是指麵粉中灰分的含量。以日本麵粉代用時，T45→低筋麵粉，T55→中筋麵粉、準高筋麵粉，T65→高筋麵粉，請適度進行調整。

I／

加藤順一
L'ARGENT

II

小林里佳子
MAISON

III

加藤峰子
FARO

IV/

浅井拓也

HÔTEL DE MIKUNI

V/

西尾萌美

萌菓

I /

JUNICHI KATO

L'ARGENT

以所學的紮實法式料理爲基礎
加上新北歐料理（New Nordic Cuisine）的
自然觀和科學探討，
加藤順一先生完成了宛如料理般的甜點。
從 Amuse bouche開胃小點到 Petit four迷你綜合小點心，
如套餐般行雲流水的手法，
就是「料理人製作糕點」最理想的方式之一。

菊芋

加藤先生將蔬菜作成甜點的例子之一。以烤過再炸的菊芋皮製成外殼，填入菊芋冰淇淋製成的迷你綜合小點心 petit four。「若將白葡萄酒烹煮的菊芋泥填入芋皮貝殼中，就能呈現出外觀與甜點相同的料理」（加藤）。一模一樣的外觀，既是 Amuse bouche開胃小點又是甜點，在套餐的一頭一尾上桌，充滿玩心又有趣。

〔 **製作方法**（→食譜162頁）〕

菊芋殼與冰淇淋

❶ 水洗菊芋。
❷ 將烤網架在烤盤上，擺放①，以150℃、濕度100%的旋風烤箱加熱45分鐘（Ph.1）。
❸ 取出菊芋（Ph.2），用熱水將表皮周邊沾黏的焦糖化糖分沖洗乾淨。
❹ 用圓挖杓挖出菊芋③（Ph.3,4）。
❺ 將菊芋的表皮保持原來的球狀④，用150℃的葵花油炸香。放入食品乾燥機內使其乾燥，做成菊芋殼（Ph.5）。
❻ 將菊芋冰淇淋擠至菊芋殼中（Ph.6）。

熊本縣產玫瑰 灰 阿蘇山

以阿蘇山麓的玫瑰園送來的各式玫塊花為主題的一道點心。「聽說玫瑰園的土壤是火山灰」（加藤），所以發想出灰色大地浮現玫瑰色彩的情境。中央淡灰色的塊狀，是添加玫瑰花的冰淇淋，沾裹上混拌了竹炭粉的玫瑰香鮮奶油。灰色的蛋白餅、醃漬的玫瑰花瓣等，讓整個甜點充滿口感和風味的變化。

〔製作方法（→食譜163頁）〕

玫瑰冰淇淋與灰奶茶

❶ 在玫瑰冰淇淋上澆淋液態氮，使表面凝固（Ph.1）。

❷ 在缽盆中注入大量液態氮，放入①（Ph.2），約5秒後取出。

❸ 將②放入常溫灰奶茶中（以竹炭著色的玫瑰香奶油糖漿）（Ph.3）。

❹ 待全體沾裹上黑色後取出（Ph.4）。再次以液態氮使其冷卻凝固（Ph.5）。

玫塊花瓣

❶ 將紅色、粉紅、黃色的玫瑰花瓣（食用）放入鍋中（Ph.6）。

❷ 澆淋上液態氮，以湯匙背粗略碾碎（Ph.7,8）。

青森黑醋栗和杜松子

以能採收豐富漿果的北歐森林爲意像的成品。將青森產的黑醋栗糖煮，並加工成黏稠的薄片，隱藏在薄片下的是散發著杜松子果實香氣的冰淇淋。冰涼的冰淇淋和溫熱的糖煮薄片混合，是即點現作（à la minute）的甜點才能享用到的溫度樂趣。也提供能夠感受到「葉片深邃青草氣息」的杜松葉油，可澆淋再享用。

〔製作方法（→食譜164頁）〕

黑醋栗薄片

❶ 黑醋栗和砂糖用小鍋煮約5分鐘（Ph.1）。保留半量，另外半量加工作成薄片。
❷ 製作黑醋栗薄片。過濾①（Ph.2），倒至矽膠墊上（Ph.3），用刮刀推平成厚1mm的薄片（Ph.4）。
❸ 利用電風扇邊吹風邊放置於常溫使其乾燥，成爲薄片狀（Ph.5,6）。

杜松子油

❶ 杜松葉（Ph.7）和葵花油以1：2的比例混合，用料理機攪打10分鐘。
❷ 以布巾過濾①，取用綠色的油脂（Ph.8）。

蘭姆葡萄乾

被積雪包覆的森林重現在餐盤中，這是加藤先生的特製甜點。相對於外觀的靜謐純淨，風味上則是豐富多彩。以液態氮凝固白巧克力慕斯的雪花，還有蘭姆葡萄乾的冰淇淋、香蕉果泥等，高反差的驚異口感相互襯托。香葉芹枝幹用麥芽粉、黑可可粉包覆成「可可樹枝」，微苦的滋味，更烘托出美味的層次。

〔製作方法（→食譜165頁）〕

白巧克力雪花

❶ 白巧克力中加入煮沸的鮮奶油，混拌。

❷ 使①降溫後，加入冷凍蛋白，攪拌均勻。

❸ 將②填入虹吸瓶中並填裝氮氣，放至冷藏室冷藏。

❹ 將③擠至液態氮中（Ph.1），使用攪拌器攪碎（Ph.2,3），使其成爲粗粒狀（Ph.4）。

可可樹枝

❶ 摘除香葉芹的葉片，僅留下枝幹。將枝幹泡於冷水中回復鮮脆（Ph.5）。

❷ 在缽盆中放入糖粉和蛋白，攪拌均勻，沾裹在①香葉芹枝幹上（Ph.6）。

❸ 在另外的缽盆中，混合麥芽粉、黑可可粉以及可可粉備用，將②放入沾裹（Ph.7）。

❹ 甩落多餘的粉類，置於食品乾燥機中一夜，使其乾燥（Ph.8）。

艾蒿 優格

艾蒿可視爲「日式香草」，組合成相當於北歐風格的「乳製品與香草」。以艾蒿與優格的雪酪爲主，疏落有致地層疊上優格粉、柑橘奶油與蒸艾蒿麵包的粉末等，呈現出變化豐富的滋味。「雖然也可以考慮用黃豆粉或塡餡，但這樣的組合會偏向日式風味。這道是以外國朋友眼中的『ZEN（禪）』爲意象來完成」。

〔**製作方法**（→食譜166頁）〕

優格粉

❶ 優格放入鍋中，用小火加熱，避免燒焦地不斷混拌加熱4小時（Ph.1）。

❷ 待優格的水分完全揮發，乳脂肪成分變成焦糖化時，離火，降溫（Ph.2）。

❸ 倒至矽膠墊上，攤開使其平整（Ph.3）。置於食品乾燥機中一夜，使其乾燥。

❹ 以料理機攪打至粉碎（Ph.4）。

完成

❶ 乾燥蒸艾蒿麵包，用攪拌機攪打至粉碎，成爲粗粒狀（Ph.5）。

❷ 在盤中舖放日向夏柑橘奶油醬，擺放艾蒿優格雪酪（Ph.6）。

❸ 撒上蒸艾蒿麵包的粗粒和艾蒿冰淇淋粉（Ph.7）。

❹ 撒上白脫牛奶雪花、優格粉（Ph.8），並綴以鹽漬櫻花瓣（乾燥）。

初戀青蘋果

從青森產的蘋果品種「初戀青蘋果」的名字，得到靈感完成的酸甜糕點。蘋果挖去果肉做成容器，填入蘋果慕斯和冰砂（granité）。製作慕斯時，蘋果果肉眞空後以微波爐加熱，可以漂亮呈色，就是製作的重點。冰砂混合了酸模（sorrel）、紫花酢醬草（oxalis）、檸檬百里香（thymus citriodorus）等香草，共同譜出清新的感覺。

〔 **製作方法**（→食譜167頁）〕

蘋果盅和蘋果慕斯

❶ 切去蘋果上端的1/4（Ph.1）。保留切下的上端作爲盅蓋。
❷ 用裝上直徑4cm圓形配件的電動鑽頭（Ph.2），挖去蘋果芯和果肉，作爲容器（Ph.3,4）。爲防止變色地灑上檸檬汁，保存於冷凍室。
❸ 在六分打發的鮮奶油中加入蘋果泥，製作慕斯（Ph.5）。
❹ 在舖有碎冰的容器上擺放蘋果盅，倒入③的慕斯（Ph.6）。
❺ 舀入蘋果和香草的冰砂（Ph.7），撒上檸檬百里香。蓋上蘋果盅蓋供餐（Ph.8）。

薄荷巧克力

乍看之下，可能會以爲是抹茶，但綠色的眞面目是薄荷泥。薄荷巧克力是以薄荷的清涼感爲主軸搭配而成，薄荷泥的下方隱藏著的是巧克力英式蛋奶醬。連同洋梨一併搭配的白色粉末是「巧克力的金平糖」。白巧克力中添加高溫的糖漿攪拌，藉由急遽的結晶化，加工而成的鬆散粉末。

〔 **製作方法**（→食譜168頁）〕

巧克力的金平糖

❶ 細砂糖和水混合，加熱至150°C。
❷ 白巧克力隔水加熱使其融化，放入直立式攪拌機內（Ph.1）。
❸ 邊用葉狀攪拌槳邊攪拌，邊少量逐次加入①的熱糖漿（Ph.2）。糖漿和巧克力反應，漸漸會形成結晶化（Ph.3），持續高速攪拌至變成細粉末狀（Ph.4）。

薄荷泥

❶ 燙煮留蘭香（hierbabuena薄荷的一種）1分鐘。沖洗冰水冷卻後，擰乾水分（Ph.5）。除去堅硬的莖部。
❷ 細砂糖和水混合，加熱至50°C。加入還原的板狀明膠，置於常溫中冷卻。
❸ 用料理機攪打①和②約5分鐘，至呈滑順狀態（Ph.6）後過濾（Ph.7）。
❹ 用噴槍在液體表面略略加熱，以消除氣泡（Ph.8）。倒入容器內冷卻凝固。

薰衣草

將薰衣草的花香移轉至奶油、牛奶、醋等，再組合這些溫度、口感各不相同的材料。冷的醋中浸漬花朵的手法，是加藤先生在北歐學到的技巧。「想要強力抓住瞬間香氣時，高溫液體的浸泡（infuser）是可行的，但缺點是香氣容易劣化。長時間浸漬在冷的液體中，就能使香氣穩定且持久。」

〔 **製作方法**（→食譜169頁）〕

薰衣草醋圓片

❶ 鮮奶油打發至七分打發（Ph.1）。
❷ 在鍋中放入糖粉、鹽、薰衣草醋，加熱至50℃，放入還原的板狀明膠。置於常溫中冷卻。
❸ 少量逐次地將②加入①當中，混拌。（Ph.2）。
❹ 倒至矽膠墊上，推展成厚度3mm的片狀（Ph.3）。冷凍。
❺ 用直徑10cm的圈模，將冷凍的④按壓切出形狀，再次冷凍保存（Ph.4）。

糖煮藍莓

❶ 在鍋中放入細砂糖和奶油，用大火加熱，使其焦糖化（Ph.5）。
❷ 離火，加入藍莓和薰衣草醋，使焦糖化停止（Ph.6）。
❸ 用大火加熱約30秒，使薰衣草受熱（Ph.7,8）。鍋子下方墊放冰水使其冷卻。

柑橘優格芭菲

主題是「如何製作出極其輕盈的芭菲」(加藤)。首先將慕斯裝入虹吸瓶，擠出泡泡狀至玻璃廣口瓶1/3高，一旦眞空加壓，瓶內空氣膨脹起來，塡滿瓶身。在氣泡消失前放入冷凍，就能完成輕盈膨鬆的芭菲。看起來嚐起來都像雲朵般輕巧的優格芭菲，搭配柑橘類、迷迭香油就完成了。

〔**製作方法**(→食譜170頁)〕

優格芭菲

❶ 混合糖漿和檸檬酸加熱至50℃，溶化板狀明膠。
❷ 將①加入優格中混拌。
❸ 將攪打至七分打發的鮮奶油分3次加入②。塡入虹吸瓶中，充塡氮氣。
❹ 預備附有內蓋的玻璃廣口瓶，將③擠至瓶身1/3的高度(Ph.1,2)。閉合內蓋與外蓋(Ph.3)。
❺ 用眞空機加壓，使慕斯膨脹至充滿容器後，強制停止加壓(Ph.4,5)。取出玻璃瓶，直接冷凍。
❻ 待⑤的材料冷卻凝固後，取出(Ph.6,7)，分切成方便使用的大小(Ph.8)。使用前再次澆淋液態氮使芭菲再度冷卻。

翻轉蘋果塔

使用派皮的翻轉蘋果塔，若是在多道菜色的套餐之後會顯得過於沈重—因此思考出這款輕盈的翻轉蘋果塔。利用楓糖漿黏合春卷皮製成的餅皮，烘托出蘋果酸甜的榛果芭菲、利用蘋果的香氣而不使用香草，並以冰涼的溫度供餐…等等，各種計算之下，即使吃飽後也能美味地享用。

〔**製作方法**（→食譜171頁）〕

餅皮

❶ 混合楓糖漿和奶油加熱，做成糖漿。
❷ 以毛刷將①塗抹在春卷皮上（Ph.1），由上方再疊放黏貼另一張春卷皮（Ph.2）。
❸ 用直徑8cm的圈模按壓②切成圓形（Ph.3）。再切成半圓形，擺放在矽膠墊上，放入150°C的烤箱烘烤15分鐘（Ph.4,5）。

組合

❶ 在餐盤中央放置糖煮蘋果和榛果芭菲，形成圓形。
❷ 糖煮蘋果上撒烘烤並切碎的榛果（Ph.6），擺放上餅皮（Ph. 7）。
❸ 用茶葉濾網將蘋果皮粉篩在榛果芭菲上（Ph.8）。

南瓜

一到秋天就開始出現許多南瓜的糕點，南瓜子幾乎都會棄置不用。因爲「也想要充分使用南瓜子」（加藤）的想法，而誕生了這款以南瓜子爲主的甜點。南瓜子製成冰淇淋和牛軋糖的組合，有著堅果般香滑，又能感受到秋天的季節感。搭配的是雪莉酒風味的杏仁海綿蛋糕（biscuit Joconde）和檸檬百里香粉，作爲畫龍點睛的提味。

〔 **製作方法**（→食譜172頁）〕

南瓜子牛軋糖冰淇淋（Nougat glacé）

❶ 南瓜子先以150°C的烤箱烘烤約15分鐘（Ph.1）。
❷ 在鍋中放入細砂糖，用大火加熱至深濃茶色，使其焦糖化。待出現焦糖味時立刻放入奶油，溶化（Ph.2）。
❸ 熄火，將①加入②當中，用刮杓充分混拌全體（Ph.3）。
❹ 趁南瓜子牛軋糖溫熱時，倒至矽膠墊上，攤平（Ph.4）。放置冷卻。
❺ 待④確實凝固後以刀子切成粗粒（Ph.5）。
❻ 混合⑤、南瓜子冰淇淋、黑蘭姆糖煮南瓜子和可可碎粒混拌（Ph.6,7）。
❼ 放入直徑5cm的甜甜圈模型中冷凍（Ph.8）。

新鮮起司佐豆泥

以豌豆作爲主角的蔬菜甜點。鮮艷綠色的豆泥冰淇淋和龍蒿油，不是常見的奶酪（panna cotta），而是搭配上現做的新鮮起司，據說溫度39～40℃的起司，最適合而且能烘托出豆類及香草的香氣。最初是思考以起司作成前菜，進而華麗變身爲甜點了。

〔 **製作方法**（→食譜173頁）〕

自製新鮮起司

❶ 混合牛奶、鮮奶油、砂糖、動物性凝乳酶（rennet）（Ph.1），儘量避免震動輕巧地混拌（防止過於急遽的凝固）。

❷ 輕輕倒入容量25g的模型中，用保鮮膜覆蓋（Ph.2）。

❸ 以39℃的熱水隔水保持溫熱約2小時（Ph.3）。

❹ 倒入供餐用餐盤中（Ph.4），置於冷藏室備用。

豆泥冰淇淋

❶ 冰淇淋基底中添加豌豆冷凍。啟動Pacojet冷凍粉碎調理機就能製作豆泥冰淇淋了。

❷ 將①填入虹吸瓶中，擠在用液態氮冷卻過的方型淺烤盤背面（Ph.5）。

❸ 在缽盆中注入大量液態氮，將②的冰淇淋輕輕滑入缽盆中（Ph.6），等待數秒確實凍結（Ph.7），用攪拌器粗略攪碎（Ph.8）。

塊根芹

稻桿烘烤的塊根芹和塊根芹薄片，搭配塊根芹的醬汁。將甜點連結菜餚與的發想，「不過甜，也不過於偏向菜餚」其中的平衡非常重要。省去了酸味的要素，是因爲肉類料理之後過於強烈的清爽風味，會破壞套餐的流暢節奏。「作爲 pré-dessert 前甜點，特意呈現〝曖昧〞的感受」（加藤）。

〔製作方法（→食譜174頁）〕

烘烤塊根芹

❶ 削去塊根芹的表皮，用稻桿包覆。
❷ 將①擺在鋁箔紙上，撒細砂糖。
❸ 用鋁箔紙包覆②，放入200℃的烤箱烘烤約5小時。
❹ 待塊根芹熟透變軟後，取出（Ph.1,2），切成厚約1cm的月牙狀（Ph.3）。
❺ 在④表面撒上黑糖，用噴槍燒炙表面，成爲焦糖化狀態（Ph.4）。

塊根芹脆片

❶ 削去塊根芹的表皮，用刨削器削切出1mm薄片（Ph.5）。
❷ 澆淋上黑糖蜜（Ph.6），用150℃的沙拉油炸至酥脆（Ph.7）。不立即使用時，可以用食品乾燥機乾燥備用（Ph.8）。

烤甜薯

黃金薄片覆蓋下，容器中隱藏的是甜薯泥、羊奶沙巴雍，再加上烤甜薯的〝香氣〞。「以密封住香氣的甜點」爲概念製成，客人自己戮破薄片時，用煙燻槍（Smoking Gun）注入「石窯烤甜薯精」的香氣就會傾洩而出，充滿享用的樂趣。覆蓋的薄片是以「較南瓜或甜薯更不易受潮的」菊芋所製成。

〔製作方法（→食譜175頁）〕

烤甜薯的完成

❶ 菊芋泥薄薄地推展後乾燥製作成薄片（Ph.1）。
❷ 在容器底部放置甜薯泥，淋上沙巴雍。撒上馬郁蘭風味的酥粒（Ph.2）。
❸ 將①的薄片切成較容器大一圈的圓形，覆蓋在容器上（Ph.3）。
❹ 由薄片的間隙插入煙燻槍的噴嘴，將有櫻木燻片烤甜薯精的燻煙送入容器中（Ph.4）。待容器內充滿燻煙後，確實密封。
❺ 以噴槍燒炙薄片表面，燒炙出焦色（Ph.5,6）。
❻ 將⑤和以另一個容器盛裝的柑橘雪花同時供餐。建議由客人自己敲破薄片，澆淋柑橘雪花食用。

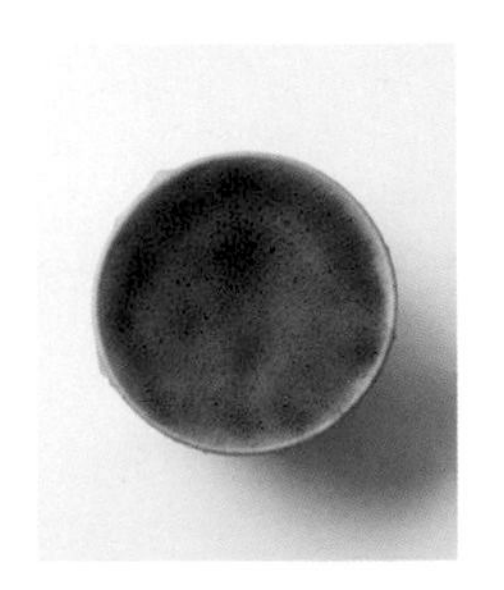

鬆餅球 Aebleskiver

加藤先生用章魚燒機重現了所學到的北歐傳統點心，作爲早春的糕點。頂部綴上蜂花粉（Bee pollen蜜蜂採集的花粉團）的冰淇淋。在耶誕鬆餅球上加了早春意象的食材，就是爲了表現漫長冬季的結束，迎來春日的節奏。「蜂花粉的香氣及濃縮的強烈感，都讓人感受生命的力量」（加藤）。

〔**製作方法**（→食譜176頁）〕

鬆餅球的麵團

❶ 在缽盆中混和過篩的高筋麵粉、鹽和細砂糖，加入刨下的檸檬皮碎混拌。

❷ 在另外的缽盆中混合鮮奶油和蛋黃。添加蜂蜜後用攪拌器混拌。

❸ 將①加入②中，使全體均匀融合（Ph.1）。加進融化奶油混拌。

❹ 蛋白攪打成略硬的蛋白霜，分3次加入③，邊加入邊大動作混拌全體（Ph.2,3）。放入擠花袋內。

完成烘烤

❶ 加熱章魚燒機，融化少量奶油。擠入鬆餅球麵團（Ph.4）。

❷ 待機器接觸面烘烤完成後，用竹籤將麵團翻轉90度（Ph.5）。

❸ 烘烤成圓球的麵團中央會形成空洞，因此利用擠花袋再擠入少量麵團（Ph.6）。

❹ 再將麵團翻轉90度，烘烤至全體呈現漂亮的金黃色（Ph.7）。

❺ 混合蜂花粉和糖粉，撒在④的表面（Ph.8）。

草莓生巧克力

草莓甘那許表面沾裹巧克力，乍看之下是簡單的生巧克力，但重點在於甘那許「柔軟」的程度。放入口中，噗嗞會有液體流出的狀態，是將巧克力比例減至極度低製成。外層沾裹的材料因爲添加了可可脂，調整其硬度及厚薄狀態。就完成了「僅在餐廳才能享用到的超柔軟生巧克力」。

〔製作方法(→食譜177頁)〕

草莓生巧克力

❶ 混合草莓果泥、覆蓋巧克力(Couverture)、鮮奶油，倒入直徑3cm彈珠形狀的矽膠模型中冷凍。
❷ 將①從模型中取出，用日本落葉松的松枝刺入(Ph.1,2)。
❸ 外層沾裹用的覆蓋巧克力和可可脂，以隔水加熱法保持在46°C。
❹ 將②的甘那許浸入③當中，使表面薄薄地沾裹(Ph.3,4)。
❺ 待④凝固後，用茶葉濾網篩撒上冷凍乾燥的草莓粉。
❻ 將盛盤用的石製器皿預先放置於冷凍室，擠上少量沾裹外層用的覆蓋巧克力(份量外)用以取代黏著劑來固定⑤的生巧克力。

II /

RIKAKO KOBAYASHI

MAISON

以「巴黎的日本人糕點師」之名受到矚目，
小林里佳子製作的點心，
自然隨興、優雅時髦、多變化。
每天視廚房裡取得的食材決定製作內容，
搭配具特色的利口酒或香料，
完成即使少量也可清晰存留於記憶中的滋味。

反烤蘋果塔

Tarte Tatin

經典糕點－反烤蘋果塔，保留小蘋果可愛的形狀。使用不易煮爛、具適度酸味的小蘋果（採訪時是 Gala品種），用焦糖漿移轉蘋果皮的香氣，將奶油香氣緩緩移轉進行燉煮。內側填入卡士達醬成形。擺在脆餅上，做成塔的意象，並搭配糖煮蘋果、蘋果利口酒的醬汁與香草冰淇淋。

〔製作方法（→食譜178頁）〕

反烤蘋果塔

❶ 削去蘋果表皮（Gala品種。紅玉也可以）（Ph.1）。在鍋中放入蘋果皮和足以淹沒果皮的水，一起煮開。

❷ 在鍋中放入砂糖和少量①煮汁，加熱製作焦糖。倒入其餘的煮汁（Ph.2），製作焦糖漿。

❸ 在另外的鍋中放入②的糖漿，以及在蒂頭處填放奶油的蘋果（Ph.3），加入檸檬汁，蓋上鍋蓋，用180℃的烤箱加熱約30分鐘。之後取下蓋子，每隔15分鐘翻轉一次蘋果，持續加熱約2小時（Ph.4）。過程中若水分不足，可以適量補足水分。

❹ 煮好的蘋果剪開去除蘋果芯（Ph.5），填入卡士達醬（Ph.6）。整理回復成蘋果原來的形狀。

❺ 煮至軟爛的蘋果和③的煮汁，用料理機攪打後，熬煮。加入蘋果利口酒（pommeau）做成醬汁（Ph.7）。

❻ 將④的蘋果上刷塗⑤，使其呈現光澤（Ph.8）。以200℃的烤箱加熱2～3分鐘，擺放在杏仁砂布列酥餅（sablé）上。

洋梨焦糖烤布蕾
山椒與白乳酪冰淇淋

Crème brûlée à la poire, glace fromage blanc sancho

用香草或香料糖漿，將洋梨略煮再直接浸漬備用。之後，填入散發洋梨利口酒風味的焦糖奶蛋液，做成表面具有甜脆焦糖的成品。雖然外觀看似簡單，但層疊了葡萄柚香氣的糖漬金桔、山椒風味的白乳酪冰淇淋，再佐以山椒油…等，搭配各個材料的香氣組合，演出了獨具一格的特色風味。

〔**製作方法**（→食譜179頁）〕

洋梨焦糖烤布蕾

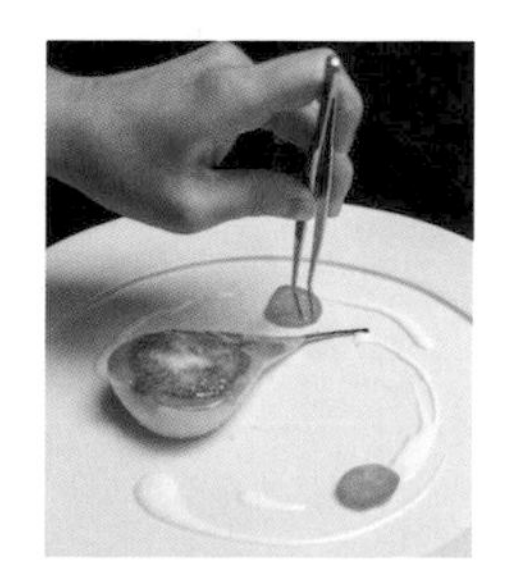

❶ 洋梨（Conference品種）削去表皮（Ph.1,2）。
❷ 在鍋中放入水、砂糖、香草莢、八角、小豆蔻、肉桂、綠茴芹（green anise）、芫荽籽、胡椒薄荷（peppermint），加熱（Ph.3）。
❸ 將①的洋梨放入②中，沸騰後轉爲小火，加熱5～10分鐘（Ph.4）。待煮至刀子可輕易刺入的軟度時，熄火（Ph.5），直接浸泡在煮汁中一天。
❹ 切去少量③洋梨底部清理後，連同梨蒂縱向對切。稍微切去洋梨弧面部分，使其可以安置在餐盤上，用湯匙除去梨芯和籽（Ph.6）。
❺ 將添加洋梨白蘭地的奶蛋液，擠至④的洋梨挖空處（Ph.7）。置於冷凍室略加冷卻。
❻ 在全體表面薄薄地撒上砂糖，用噴槍燒炙。重覆這個步驟2～3次，呈現均勻的烘烤色澤（Ph.8）。置於冷凍室略加冷卻。

安茹白乳酪

Crème d'Anjou

白乳酪和香緹鮮奶油組合而成的安茹白乳酪、椰子雪酪、羅勒油及粗粒冰砂（granité），與橄欖油漬浸的水果，層疊在玻璃杯中，是充滿清涼感的一道甜點。完成時裝飾上格子薄餅（waffle）甜筒，是小林小姐向東京糕點店『マッターホーン MATTERHORN』的「摩卡冰淇淋」表達致敬之意。爲避免影響各種組成元素纖細的風味，烘烤成極薄的成品。

〔 **製作方法**（→食譜180頁）〕

安茹白乳酪

❶ 鮮奶油中添加砂糖打發，製作香緹鮮奶油。

❷ 將①和白乳酪混合，用布巾包覆靜置半天以瀝乾水分（Ph.1）。

格子薄餅甜筒

❶ 柳橙風味的貓舌餅麵團擠至格子薄餅機內（Ph.2）。

❷ 用抹刀將麵團薄薄地抹平後烘烤（Ph.3）。趁熱切成三角形，捲成甜筒狀（Ph.4）。

異國風醃漬水果

❶ 取出百香果的果肉和果汁。金桔切成薄片。維多利亞女王鳳梨（Queen Victoria pineapples）和芒果切成一口食用的大小。取出血橙（blood orange）的果肉（Ph.5）。

❷ 混合①百香果之外的食材，用萊姆皮（Zest）和橄欖油混拌（Ph.6）。

羅勒粗粒冰沙

❶ 羅勒葉用熱水燙煮30秒，放入冰水中。瀝乾水分備用。

❷ 在冷卻的英式蛋奶醬中放入①，用料理機攪打。

❸ 將②裝進虹吸瓶中，擠入液態氮中（Ph.7），再用攪拌器攪碎（Ph.8）。

紅莓果帕芙洛娃

Pavlova fruits rouges

近年來，以無麩質再度受到矚目的糕點就是帕芙洛娃蛋糕了。在確實打發的蛋白霜中添加糖粉，能爽脆切開，又入口即化的成品。「蛋白霜，只要分次添加1小撮砂糖攪打，不需要一口氣直接打到全發，會更容易進行」（小林）。擠出荔枝和覆盆子的內餡，並在餐盤中滴入甜菜糖漿和芹菜油。

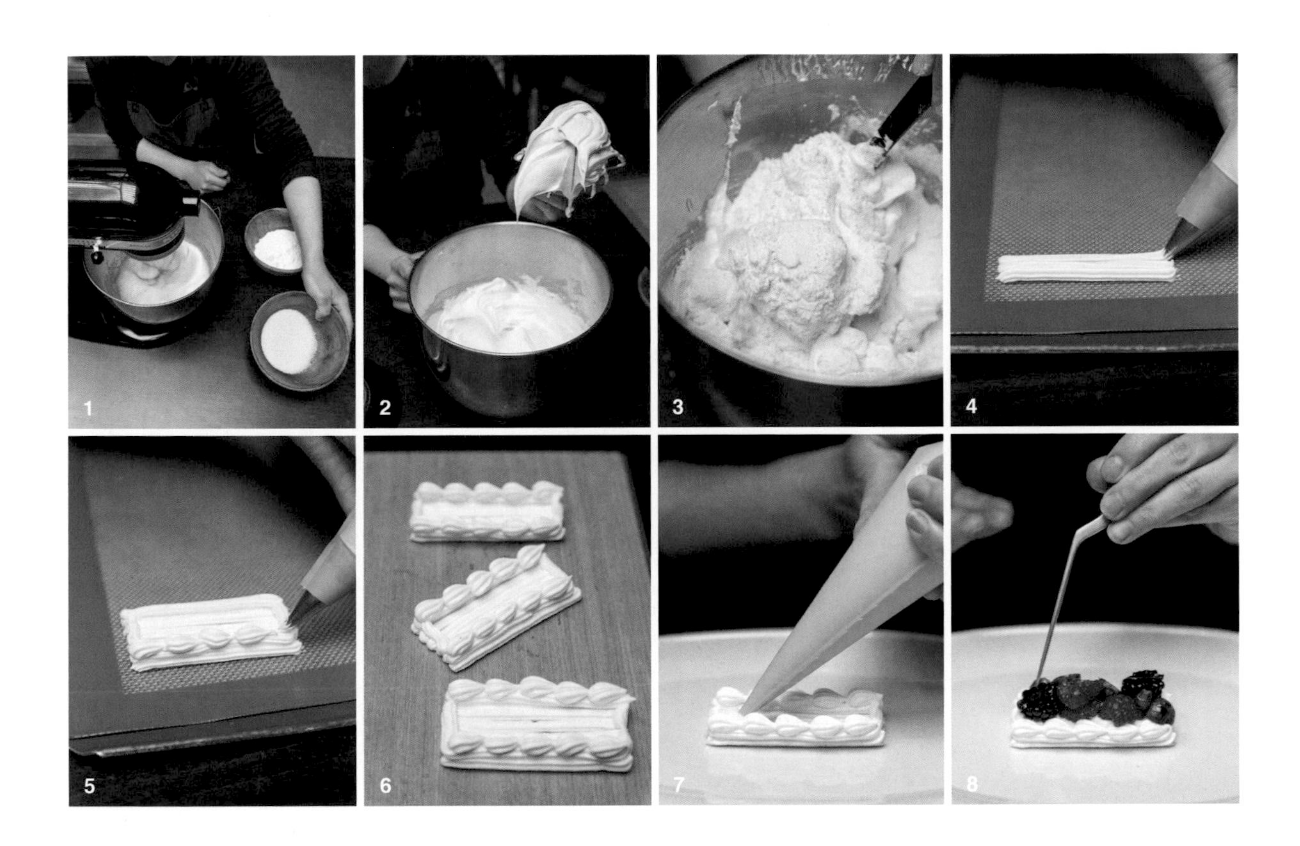

〔 **製作方法**（→食譜181頁）〕

紅莓果帕芙洛娃

❶ 蛋白中加入1小撮砂糖，用攪拌機攪打（Ph.1）。之後，分3次添加砂糖並持續打發，製作成略硬的蛋白霜（Ph.2）。加入糖粉，用刮杓大動作混拌（Ph.3）。

❷ 將①放入裝有星形擠花嘴的擠花袋內，在矽膠墊上擠成6條並排，長8cm的條狀，形成長方形（Ph.4）。長方形邊緣再層疊數次地擠上①，形成裝飾擠花（Ph.5）。

❸ 用80°C的烤箱加熱3小時，完成烘烤（Ph.6）。

❹ 將荔枝和覆盆子風味的卡士達內餡擠在③上（Ph.7），擺上覆盆子、藍莓、黑莓（Ph.8）。

甜菜雪酪 奇異果

Sorbet betterave, kiwi

用稻桿包覆後燜烤，以濃縮風味的甜菜製作成雪酪。雪酪的紅與奇異果的綠，形成反差對比，令人印象深刻。雪酪中使用了冷杉風味醋，清新爽朗的香氣和酸味，更烘托提升了甜菜的甜度。迷你尺寸的糕點，爲了方便以小湯匙食用，奇異果也切成小花瓣的形狀。供餐時在桌邊才澆淋上甜菜汁。

〔 **製作方法**（→食譜182頁）〕

甜菜雪酪

❶ 稻桿包覆甜菜，再用鋁箔紙包妥（Ph.1）。用175℃的烤箱烘烤約1小時（Ph.2,3）。

❷ 將①的甜菜削去表皮，切成適當的大小（Ph.4）。

❸ 在鍋中放入水、砂糖、葡萄糖混合加熱，製作糖漿。連同②的甜菜一起用料理機攪打。添加冷杉風味醋，再繼續攪拌（Ph.5）。

❹ 放入Pacojet冷凍粉碎調理機專用容器內冷凍。供餐前再啟動Pacojet製作成雪酪（Ph.6）。

奇異果沙拉

❶ 奇異果去皮切成薄片，用花型切模按壓（Ph.7），再切成4等分。

❷ 將①與薄荷、橄欖油、檸檬汁混拌（Ph.8）。

沙巴雍 稻桿香氣冰淇淋

Sabayon glace foin

雪莉風味的溫熱沙巴雍，混合了杏仁沙布列酥餅、稻桿香氣的冰淇淋、白巧克力，和翻醣製成的極薄瓦片（tuile）。沙巴雍加熱後放入虹吸瓶前補足了雪莉酒，成了有強烈酸味和苦味的成熟風味。「在攪拌沙巴雍時，若不使用金屬而是用矽膠攪拌器，雞蛋就不會沾上金屬氣味」（小林）。

〔 **製作方法**（→食譜183頁）〕

白巧克力的瓦片

❶ 白巧克力的覆蓋巧克力（MAISON CACAO公司的NUBE35）隔水加熱使其融化（Ph.1）。
❷ 將翻醣和水飴放入鍋中，邊混拌邊加熱至160℃（Ph.2）。
❸ 待翻醣產生淡黃色後，離火加入①（Ph.3）。以小火加熱，用刮杓攪拌混合至呈光滑狀（Ph.4,5）。
❹ 將③倒至矽膠墊上，推展平整後（Ph.6），由上方覆蓋上矽膠墊。用擀麵棍擀壓推展成極薄的狀態（Ph.7）。用160℃的烤箱溫熱5分鐘。
❺ 邊用手拉開成薄片，同時整型成立體狀（Ph.8）。撕成適當大小使其乾燥。

昂貝爾藍紋起司冰淇淋

Glace Fourme d'Ambert

用牛奶製作的藍紋起司昂貝爾，相較於羊乳製作的藍紋起司洛克福（Roquefort），風味更柔和圓融。將起司與鮮奶油、蛋黃、砂糖混拌，就變成甜鹹濃郁的冰淇淋。「在料理之後的起司，同時也是甜點」（小林），讓風味呈現出絕妙的恰到好處。佐以沾裹了紐西蘭產蜂蜜的黑莓風味清爽。

〔製作方法（→食譜184頁）〕

昂貝爾藍紋起司冰淇淋

❶ 起司（昂貝爾藍紋起司）切成容易融化的大小，備用（Ph.1）。

❷ 在缽盆中混合蛋黃和砂糖（Ph.2）。

❸ 在鍋中煮沸牛奶，少量逐次地加入②，用小火邊加熱邊混拌使其融合（Ph.3）。

❹ 離火，趁溫熱時加入①。用手持電動攪拌棒攪打使其融合（Ph.4,5）。過濾。

❺ 待④冷卻後，加入鮮奶油（Ph.6），放入Pacojet冷凍粉碎調理機專用容器內冷凍。供餐前再啟動Pacojet製作。

蜂蜜風味的黑莓

❶ 將對半分切的黑莓放入小鍋中，澆淋蜂蜜（Ph.7）。

❷ 以180°C的烤箱，將黑莓加熱至軟化（Ph.8）。

巧克力千層

Millefeuille chocolat

摺疊入可可脂的千層酥皮就是主角。若是以烤箱需加熱20分鐘，使用鬆餅機則縮短至僅需3分鐘。在供餐前，夾入巧克力風味的卡士達醬後略加熱，搭配榛果慕斯和蘭姆酒風味冰淇淋，只有在餐廳才能享用到的千層酥甜點。

〔 製作方法（→食譜185頁）〕

巧克力千層

❶ 製作摺疊入可可脂的千層酥皮麵團（Ph.1）。

❷ 邊在①撒上手粉邊用擀麵棍擀壓成2mm的厚度（Ph.2）。此時將想要延伸的方向朝上，就能充分施力擀長麵團。置於冷凍庫冷卻。

❸ 切成10×15cm的長方形（Ph.3），用鬆餅機烘烤（Ph.4,5），約3分鐘即可完成。

❹ 將③切成1.5cm寬（Ph.6）。邊緣不整齊的部分保留不切除。

❺ 在④上擠出2列巧克力卡士達醬（Ph.7），層疊上酥皮，再次擠巧克力卡士達醬，層疊酥皮，共疊放3層酥皮（Ph.8）。用175℃的烤箱加熱2～3分鐘。

栗子千層

Feuilleté de châtaigne

攪散的糖漬栗子（marron glacé）和杏仁奶油餡作爲填餡，包起再烘烤成小巧可愛的栗子千層，和餐廳人氣料理〝乳鴿千層酥派 pigeon pithivier〞相呼應的甜點。與乳鴿千層酥派一樣，大膽地在餐盤中搭配上月桂枝盛盤，並佐以月桂葉風味的英式蛋奶醬、油以及橄欖油冰淇淋。

〔**製作方法**（→食譜186頁）〕

栗子千層

❶ 在千層麵團表面撒上手粉，用擀麵棍擀壓成2mm的厚度。
❷ 在①的麵團上用直徑4.5cm的花形模淺淺地印出形狀（Ph.1），中央擠上杏仁奶油餡（Ph.2），擺放攪碎的糖漬栗子（Ph.3）。在周圍刷塗蛋液。
❸ 在②的上面覆蓋另一片千層麵皮。用手指按壓整理形狀，排出空氣（Ph.4）。
❹ 用花形模按壓（Ph.5）切下，上下翻面，在平整的表面刷塗蛋液。放入冷凍室，表面凝固後，用刀子劃出格子紋路。
❺ 用210°C的烤箱，開啟旋風烘烤4分鐘（Ph.6）。膨脹起來後在上方疊放方型淺盤壓著（Ph.7），再續烤5分鐘（Ph.8）。

黑糖舒芙蕾

Soufflée sucre noir

剛烘烤完成熱呼呼的舒芙蕾正是餐廳才有的甜點。小林小姐在此添加了黑糖個性化的風味，以湯盤盛裝的效果也充分展現了獨創性。在湯盤的每個角落都仔細地刷塗奶油，讓舒芙蕾可以更漂亮的挺立，就是製作的重點。擺放在盤緣的是用蘭姆酒燄燒的香蕉，熱騰騰的舒芙蕾和香蕉，和另外附上的冰涼鮮奶油，合而為一。

〔**製作方法**(→食譜187頁)〕

黑糖舒芙蕾

❶ 在湯盤的凹槽中，刷塗回復室溫的奶油(Ph.1)，拭去周圍多餘的奶油。
❷ 在①湯盤的凹槽處仔細無遺漏地撒上細砂糖，不需甩落多餘的砂糖(Ph.2)。
❸ 混拌蛋白與黑糖，攪拌至成為尖角直立的蛋白霜(Ph.3)。
❹ 在溫熱的卡士達中加入少量的③混拌，拌至稍稍軟化。
❺ 將③分2～3次加入④中，避免破壞氣泡地混拌，完成舒芙蕾麵糊(Ph.4)。
❻ 將⑤倒入②的餐盤凹槽中約8分滿(Ph.5)。輕敲容器底部平整麵糊表面(Ph.6)。
❼ 用200°C的烤箱，以弱的旋風烘烤5分鐘。

焦糖香蕉

❶ 在平底鍋中少量逐次地加入砂糖加熱，放入奶油使其融化(Ph.7)。
❷ 排放切片的香蕉，上下翻面地加熱，用蘭姆酒焰燒(flamber)(Ph.8)。
❸ 撒上檸檬百里香。

Ⅲ /

MINEKO KATO

FARO

長期旅居義大利後歸國的加藤峰子小姐

所看見的「日本」。

發現食材、自然、文化的

「絕妙」與「違和感」。

製作出鮮艷色彩、豐富香氣、

同時對人對環境都充滿溫柔的甜點，

呈現現代美食學（Gastronomy）的風貌。

花朵塔

滿溢著由奈良和高知縣所栽種，40多種食用香草與花朵的塔，正是加藤小姐的特色。揉和了天竺桂(Japanese Cinnamon)和烏樟(Lindera umbellata)粉的塔底，擺放了馬斯卡邦起司和蜂蜜，搭配作爲風味主軸的當歸、日本薄荷、檸檬馬鞭草(lemon verbena)等。在周圍交錯放置，柔和的、突出的各式香草，無論食用到哪個部分，都交織呈現出多種香氣，再以花朵裝飾完成。

〔 **製作方法**(→食譜188頁) 〕

草花和香草

洗淨葉片、花朵、香草，清潔後備用(Ph.1,2)。

塔麵團

❶ 過篩的低筋麵粉中，加入植物粉末(烏樟、柑橘皮、天竺桂、甘草、大和野菜ヤマトマナ、辣椒)混拌(Ph.3,4)。

❷ 用直立式攪拌機混拌①、奶油、糖粉、鹽，製作甜酥麵團(pâte sucrée)(Ph.5)。

❸ 將②擀壓成2mm厚，以直徑10cm的圈模按壓成型。用160°C的烤箱，烘烤12分鐘，用白巧克力或可可脂塗抹避免受潮。(Ph.6)。

完成

在塔上擠馬斯卡邦起司，覆以蜂蜜(Ph.7)。將草本花卉和香草當中風味較紮實的放置在中央，周圍環繞擺放各種香味的香草類，使整體均衡呈現(Ph.8)，裝飾上花朵。

飄落山峰　幸福的牛奶

因為感動位於岩手縣，以自然交配、母乳哺育的方法進行完全放牧的「なかほら(Nakahoar)牧場」，所產出的牛奶而創作。以牛奶製作的各種形態－牛奶凍(blanc-manger)、冰淇淋、瓦片餅等，佐以象徵牧草的薄荷油。奶泡瓦片餅是活用牛奶加熱至70℃左右，攪拌時蛋白質凝固氣泡不破的特性，鬆脆的口感和隱約的牛奶香氣，令人樂在其中。

〔製作方法(→食譜189頁)〕

奶泡瓦片餅

❶ 牛奶和水飴混合，加熱至60～70℃（Ph.1, 2）。
❷ 用手持電動攪拌棒攪拌①(Ph.3)。稍加放置後會浮出奶泡，僅取奶泡使用(Ph.4)。
❸ 將②的奶泡倒至矽膠墊上，以刮刀推展成3mm的厚度(Ph. 5,6)。
❹ 將③放入40℃的食品乾燥機，放置1～2天使其乾燥(Ph.7)。

牛奶海綿蛋糕

❶ 在牛奶海綿蛋糕上澆淋牛奶，使其浸潤(Ph.8)。

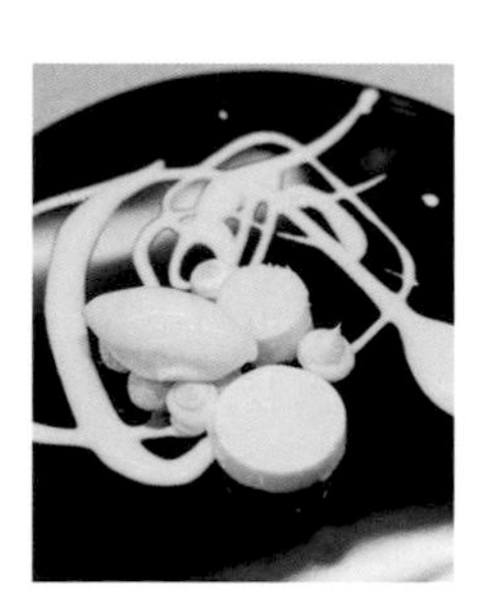

吉野葛粉的杏仁雪酪
紫蘇香

對於純素者也不遺餘力的加藤小姐，這道甜點利用熬煮出的紅紫蘇湯汁，浸漬香氣十足的伊芙伯爵（Yves Piaget）品種的玫瑰、檸檬、萊姆、覆盆子。不使用動物性的明膠，而改用植物性的葛粉整合醬汁。「來自中世紀修女們藥草學食譜的靈感」（加藤）。與醬汁同樣地使用葛粉的杏仁雪酪和薄片，可以感受到葛餅的口感，令人印象深刻。

〔**製作方法**（→食譜190頁）〕

紫蘇玫瑰醬汁

❶ 在鍋中煮沸熱水，放入大量紅紫蘇和檸檬酸（Ph.1）。將紫蘇的紫紅色釋出至熱水，約燙煮3分鐘（Ph.2）。

❷ 將①移至缽盆，加入檸檬皮、萊姆皮、覆盆子、玫瑰花（乾燥）、杉枝、羅勒、新鮮玫瑰花（Yves Piaget品種）（Ph.3,4,5）。放入袋中眞空靜置一夜。

❸ 過濾②，加入溶於水中的葛粉（Ph. 6,7），隔水加熱至產生濃稠（Ph.8）。

蜂與花之和

以日本蜂蜜爲題，蜂蜜冰淇淋、泡沫（espuma）、果凍（gelée）、糖…等混合盛盤。粒狀的果凍是寒天溶液滴入冷油中凝固而成，Q彈的口感正是最醒味之處。另外，香氣的要素，來自番紅花和玫瑰。「想要表現數量減少中的日本蜜蜂，若以整體生態系統來看，就像是高價昂貴的花蕊般同等重要」。

〔 **製作方法**（→食譜192頁）〕

蜂蜜寒天果凍

❶ 在鍋中放入水、玫瑰水、蜂蜜（日本蜜蜂所採集）、寒天粉，混拌（Ph.1,2,3）。
❷ 加熱①至沸騰，煮溶寒天。熄火，擠入萊姆果汁，冷卻備用（Ph.4）。
❸ 用滴管吸取②，滴入裝滿冷壓白芝麻油（儘可能選用香氣較低的油脂）的容器內，一滴滴地滴落（Ph.5）。
❹ 將③油脂中凝固成顆粒狀的果凍撈出，用水沖洗（Ph.6,7）。冷藏保存（Ph.8）。

每天的麵包

每天營業的餐廳，未使用完的麵包該如何活用，因此而誕生的前甜點 Pré dessert。變硬的麵包和已使用過一次的香草莢，用烤箱溫熱後浸漬在牛奶中。用吸收了麵包風味的液體製作出冰淇淋，剩下的麵包屑就薄薄地烘烤成瓦片。這是挑戰「想要傳達給同樣身在廚房的夥伴們，即使是不浪費食材也能做出美味」的一道甜點。

〔製作方法(→食譜193頁)〕

麵包冰淇淋和瓦片

❶ 麵包和香草莢放在方型淺盤上，用160°C的烤箱烤至產生金黃色(Ph.1)。
❷ 除去①的香草莢，將麵包浸泡在牛奶中一夜(Ph.2)。
❸ 在②中添加蜂蜜和甜菜糖加熱，用小火煮至麵包軟爛爲止(Ph.3)。
❹ 用圓錐形濾網過濾③，將液體和麵包分開(Ph.4)。將麵包屑按壓在圓錐形濾網中確實瀝乾水分(Ph.5)。
❺ 在④的液體中加入溶化在水中的葛粉，使其濃稠(Ph.6)，放入Pacojet冷凍粉碎調理機專用容器內冷凍。供餐前啟動Pacojet，製作出麵包冰淇淋(Ph.7)。
❻ 將④的麵包屑，薄薄地攤放在烤盤上，用100°C的烤箱烘烤2小時，放入食品乾燥劑中製作麵包瓦片(Ph.8)。

樹木香氣與開心果的森林

使用了從森林寄出，各種樹木的葉子和樹皮，加藤小姐表示這道是「略具挑戰性」的糕點。冰淇淋基底，溶入了檜木葉和檜實、日本榧樹、烏樟、香樟葉，成爲有著森林香氣的冰淇淋。模仿樹皮的瓦片混合樹液的果凍，表現出山林間原本就有的多樣植被。佐以佛手柑油的香氣、烏樟和馬告優格醬汁。

〔 **製作方法**（→食譜194頁）〕

樹木香冰淇淋

❶ 製作冰淇淋基底。牛奶中添加甜菜糖、奶粉、蜂蜜、水飴、溶於水的葛粉（過濾），加溫至產生濃稠。

❷ 將①冷卻至50°C，加入還原的板狀明膠和鮮奶油，用手持電動攪拌棒攪打使其乳化。

❸ 在②的基底中添加樹葉（檜木、冷杉、香樟、日本榧樹）、樹枝粉（香樟、烏樟）、帶青色的八朔柑橘皮、敲碎的小荳蔻、薄荷、檜木削下的木屑，充分混拌（Ph.1,2,3）。放置1小時，過濾。

❹ ③放入Pacojet冷凍粉碎調理機專用容器內冷凍。供餐前啟動Pacojet，製作冰淇淋（Ph.4）。

開心果的苔蘚

❶ 混合開心果的海綿蛋糕粉末、抹茶粉、熊笹茶粉、可可粉（Ph.5），爲了讓顏色更自然呈現而不過度混拌。

❷ 在①上擠出直徑約1cm球狀的開心果奶油餡（Ph.6），翻動使其沾裹上粉末（Ph.7,8）。

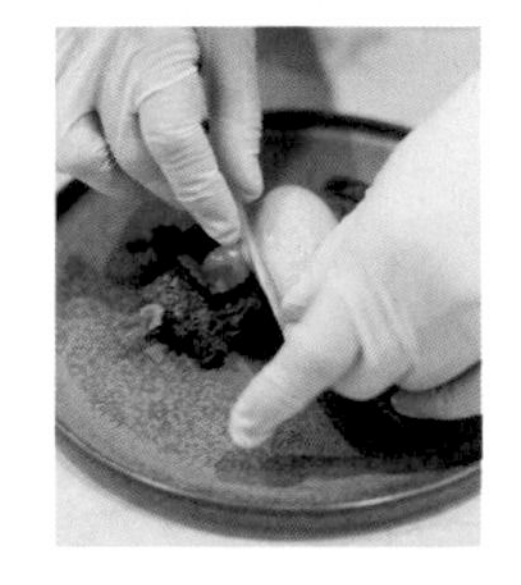

鄉愁的茜色

用李子皮煮出的湯汁浸漬玫瑰花，用這充滿豐富香氣的萃取精華，來醃漬李肉也作爲完成時的醬汁。佐以茉莉花茶慕斯和冰淇淋，擺放上鬆軟綿花糖完成製作。李子的酸甜，混雜了配料焦糖松子與黑胡椒的微苦，正符合這款糕點的主題「甘甜微苦，致敬青春期的記憶」（加藤）。

〔**製作方法**（→食譜195頁）〕

李子與玫瑰的萃取精華

❶ 李子去皮，果肉切成7mm厚的月牙狀（Ph.1），此時果核周圍仍殘留些許果肉。切出的月牙狀果肉備用。

❷ 將①的果皮和切剩的果核一起放入鍋中，加水煮沸（Ph.2）。煮至沸騰後轉爲小火，熬煮3小時。

❸ 在②中添加覆盆子和玫瑰花（Ph.3），使其融合。放入袋中，眞空加壓靜置一夜。

❹ 過濾③（Ph.4）。慢慢從濾網的細網中滴落，共計過濾5次，取用清澄的液體。

醃漬李肉

切成月牙狀的李肉浸漬在李子與玫瑰花萃取精華中一夜（Ph.5,6）。

李子醬汁

❶ 溫熱李子與玫瑰花的萃取精華，用甜菜糖增添甜度。

❷ 過濾溶於水的葛粉並加入①中，隔水加熱（Ph.7）至產生稠濃（Ph.8）。

Ⅳ

TAKUYA ASAI

Hôtel de Mikuni

具有任職糕點店與餐廳的經歷，
熟悉糕點店與餐廳的甜點，
並深度鑽研巴黎著名的餐廳。
淺井拓也先生表示
「餐廳的甜點，是甜點極致的表現」。
爲了相應 Grand Maison的不凡，
我們投注全副精力，
只爲顧客入口的瞬間。

櫻花與覆盆子芭菲

Parfait à la framboise et au Sakura

立方體的是覆盆子的煮汁、櫻花醬、明膠混拌製成稱爲 Nuage（雲）的輕盈配件，盛放在覆盆子芭菲周圍，以半結凍狀態供餐。並且在周圍擺放被拉長延展後敲碎的「舒芙蕾糖花」，再澆淋上覆盆子汁。晶瑩閃耀糖花消失的樣子，就如同櫻花的虛幻渺茫。

〔 **製作方法**（→食譜196頁）〕

舒芙蕾糖花

❶ 水、異麥芽糖醇（palatinit）、色粉（紅）放入鍋中，熬煮至155℃。離火，降溫至140℃。

❷ 將①的糖液輕輕沾取在圈模的邊緣，使糖液鑲滿底部（Ph.1）。吹氣，使其膨脹成細長形（Ph.2）。

❸ 戴著橡皮手套，粉碎②的糖結晶（Ph.3,4）。

覆盆子櫻花雲 Nuage

❶ 將覆盆子汁（Jus de framboise）、草莓汁（Jus de fraise）和細砂糖煮至溶化，放入還原的板狀明膠、櫻花醬、萊姆果汁。過濾（Ph.5）。

❷ 一邊在①的鍋底墊放冰水一邊混拌，降溫至7～10℃時，改用直立式攪拌機攪拌（Ph.6）。

❸ 在烤盤中倒入②約1.5cm高（Ph.7），冷凍。

❹ 將③切成1.5cm的方塊，像是覆蓋住覆盆子芭菲般疊放（Ph.8）。

普羅旺斯風卡莉頌杏仁糖

Calissons à la Provençale

卡莉頌是以杏仁粉爲主要的材料，再添加柳橙果肉碎粒，源自普羅旺斯的糕點。在此用金桔，作出「日法合體」的卡莉頌。6片葉形的一半，在卡莉頌上放糖煮金桔和優格瓦片；其餘一半的優格芭菲上，也放相同的素材。添加百里香風味，更能烘托出柑橘與優格的共鳴。

〔 **製作方法**（→食譜197頁）〕

糖煮金桔、果泥

❶ 在鍋中放入糖漿、水煮至沸騰，加進百里香，離火。覆蓋鋁箔紙，浸漬5分鐘。

❷ 將①（連同百里香）和金桔裝入袋中，眞空加壓。放入90°C的蒸氣旋風烤箱中加熱1小時（Ph.1）。

❸ 將半量②的糖煮金桔和半量的細砂糖放入食物調理機中，攪打成果泥（Ph.2）。

組合

❶ 優格的芭菲上，擺放切成月牙狀的糖煮金桔和優格瓦片（Ph.3,4）。

❷ 再將金桔果泥塗抹在餐盤超過一半的面積，放入切成薄片的糖煮金桔（Ph.5）。餐盤空出的部分，適量地淋上百里油和少許百里香葉片（Ph.6）。

❸ 卡莉頌上擺放切成月牙狀的糖煮金桔和優格瓦片，在②的餐盤中以放射形擺放（Ph.7）。和①交替放置（Ph.8），間隔的在優格瓦片的前端蘸上一些銀箔。

泡盛巴巴

Baba au Awamori

布里歐浸泡了蘭姆酒風味的糖漿，再加入香緹鮮奶油，就是經典甜點－巴巴，這款就是以此雛型發展出的甜點。用沖繩產的鳳梨片，製作出筒狀，中央填滿了吸滿泡盛糖漿的巴巴，和百香果風味的香緹鮮奶油。搭配香檬（citrus depressa）的粗粒冰砂（granité），將沖繩風情一併呈現。雖然外觀看不到巴巴，但湯匙舀下的瞬間，巴巴的要素已然呈現。

〔 **製作方法**（→食譜198頁）〕

巴巴鳳梨圓筒

❶ 巴巴浸漬在糖漿中，常溫放置半天（Ph.1）。

❷ 用 OPP（聚丙烯）薄膜做成直徑 2cm×長 12cm的圓筒，用透明膠帶固定（Ph.2）。單面用保鮮膜貼起塞住。

❸ 從②的一端，交替填放百香果風味的香緹鮮奶油和切成適當大小的①（Ph.3,4）。待填滿時，用保鮮膜包覆，靜置在冷凍室。

❹ 攤開另一張聚丙烯薄膜，將切成薄片後對切的糖煮鳳梨舖成8cm×12cm的長方形（Ph.5）。切成適當大小的糖煮鳳梨仔細不層疊地填滿間隙。

❺ 在④上塗抹百香果風味的香緹鮮奶油（Ph.6），擺放除去保鮮膜和聚丙烯薄膜的③（Ph.7），像捲壽司般包捲起來（Ph.8）。接口處朝下地放置在方型淺盤上，冷凍。

莫希托聖多諾黑

Saint-Honoré au Mojito

沾裹了糖衣的泡芙上，用聖多諾黑擠花嘴擠出奶油餡—遵循了聖多諾黑的定義，並將來自莫希托雞尾酒的發想，利用薄荷、萊姆、蘭姆酒風味構成這道甜點。填入白蘭姆酒卡士達醬的泡芙，擠上薄荷香緹鮮奶油，搭配萊姆雪酪和糖煮薄荷，用綠色呈現出清爽純淨的印象。

〔製作方法(→食譜199頁)〕

(→食譜199頁)

糖漬莫希托

黃色鏡面果膠、水、薄荷利口酒加熱至人體肌膚溫度，加入薄荷葉。用料理機攪打成泥狀(Ph.1)。

白蘭姆酒卡士達醬

卡士達醬中加入白蘭姆酒，混合拌勻(Ph.2)。

泡芙用糖衣

❶ 水飴和水用鍋子熬煮至165℃。
❷ 加入色粉(綠)之後，為了平衡色調，視狀況加入色粉(紅)(Ph.3)，加入珍珠粉完成(Ph.4)。

組合

❶ 泡芙中填入白蘭姆酒卡士達醬，沾裹泡芙用糖衣(Ph.5,6)，讓多餘的糖衣滴落。
❷ 切成圓形的折疊派皮上，擠出少量薄荷香緹鮮奶油，擺上①，周圍用聖多諾黑擠花嘴擠出薄荷香緹鮮奶油(Ph.7)。
❸ 用淚珠形的模板(chablon)將糖漬莫希托塗抹在餐盤上共5個(Ph.8)。取下模板，擺放②，搭配其他的配料。

文旦杏仁奶凍

Blanc-manger Buntan

活用文旦的形狀，將表皮糖漬後填入杏仁奶凍的一道甜點。杏仁奶凍覆蓋在文旦果泥下，擺放茴香雪酪、文旦果肉、手指檸檬（citron caviar），下方的是柳橙醬汁。文旦特殊的香氣、杏仁奶凍的柔和風味、茴香的清涼感，再加上各式柑橘類的風味，共同譜出合奏。

〔**製作方法**（→食譜200頁）〕

糖漬文旦

❶ 文旦橫切成1.5cm厚，暫時先冷凍（Ph.1）。置於冰水中漂洗（blancher）6次。

❷ 水中放入細砂糖，將①煮約30分鐘，連同煮汁一起放入冷藏室靜置一夜。

❸ 在②中添加細砂糖，煮約30分鐘，連同煮汁一起放入冷藏室靜置一夜。

❹ 在③中添加細砂糖，煮至沸騰，連同煮汁一起放入冷藏室靜置一夜。這樣的作業還需要重覆3次，連同煮汁一起保留（Ph.2）。

❺ 挖出果肉（Ph.3）。圈形外皮（Ph.4）留待杏仁奶凍使用，文旦頭尾的皮都切成薄片（Ph.5）。

文旦杏仁奶凍

❶ 圈形糖漬文旦中倒入杏仁奶凍的材料，冷卻凝固（Ph.6）。

❷ 在①上放手指檸檬果肉、切成薄片的糖漬文旦（Ph.7），由上方舀入文旦果凍（Ph.8），冷卻凝固。

草莓羅勒冰淇淋

Glace fraisier basilic

依循「可以看見草莓」的草莓蛋糕定義，全面貼滿草莓薄片的一道甜點。其中包含了覆盆子香緹鮮奶油、香草冰淇淋、草莓羅勒丁等。通常草莓蛋糕中會使用卡士達醬的地方改用冰淇淋，可以突顯出只有在餐廳才能享用這道甜點。

〔 **製作方法**（→食譜201頁）〕

草莓丁

❶ 草莓切成小丁。羅勒切碎。

❷ 將①連同蕁麻酒（Chartreuse）、羅勒油一起混合拌匀（Ph.1,2）。

組合

❶ 4.5cm的方框模中舖放保鮮膜，各面貼上草莓薄片（Ph.3）。

❷ 彷彿填滿草莓間隙般地塗抹覆盆子香緹鮮奶油（Ph.4）。冷凍。

❸ 在②擠入香草冰淇淋（Ph.5）。舖放草莓丁（Ph.6），覆蓋上杏仁海綿蛋糕（Ph.7），冷凍。

❹ 將③脫模，表面刷塗草莓鏡面果膠（Ph.8是切面）。

起司巴巴露亞金字塔

Pyramide de bavarois au fromage

在巴黎學習時，上下班通勤都能看見羅浮宮的前庭和金字塔，對淺井先生而言，這就是最特別的風景，此甜點重現這段回憶。金字塔內是布里亞薩瓦蘭起司（Brillat-savarin）的巴巴露亞和白乳酪的冰淇淋，覆蓋上金字塔瓦片即完成。舖放在餐盤中的是白酒和索甸甜白酒（Sauternes）的雙色果凍，以金字塔水面映照巴黎天空暮色的印象呈現。

〔 **製作方法**（→食譜202頁）〕

金字塔瓦片

❶ 細砂糖、水、水飴熬煮至150℃，加入薄脆片（feuilletine），用木杓混拌。

❷ 將①倒至矽膠墊上（Ph.1），覆蓋上烘焙紙，用擀麵棍擀至平整（Ph.2）。

❸ 待②充分凝固後，用食物調理機攪打成粉末狀（Ph.3）。

❹ 在5cm方形金字塔模中噴霧油脂（Ph.4），將③一邊過篩一邊使其均匀撒入模型中（Ph.5）。

❺ 以170℃的旋風烤箱烘烤2～3分鐘。降溫後脫模（Ph.6）。

組合

❶ 在餐盤中央，放置直徑4cm的圈模。周圍各別倒入用湯匙攪碎的白酒果凍、索甸甜白酒果凍。用噴槍使表面軟化，放入冷藏室冷卻固定。脫去圈模。

❷ 用毛刷在金字塔瓦片表面刷上食用珍珠粉（Ph.7）。

❸ 在脫去①圈模的位置，放置布里亞薩瓦蘭起司的巴巴露亞，擺放糖漬葡萄乾、凍結成金字塔形狀的冰淇淋（Ph.8）。

❹ 將②覆蓋在③上，塔頂飾以銀箔。

千層派

1000 Feuille

以「極致輕盈派皮」的思維所完成的甜點。層次分明的派皮就是重點，折疊次數多，要如何使層次不致消失地烘烤就是關鍵。此外，奶油餡另外放，是爲了能保持派皮口感才如此盛盤。淡黃色的卡士達鮮奶油（crème diplomate），一般是將卡士達醬和打發鮮奶油混合，這裡添加了炸彈麵糊（pâte à bombe）讓口感更輕盈。

〔**製作方法**（→食譜203頁）〕

折疊派皮麵團

❶ 在缽盆中放入冷水、白酒醋、鹽，混合拌勻，使鹽充分溶化備用。

❷ 在鍋中加熱奶油，製作焦化奶油（Ph.1）。確實呈色後，離火，墊放冰水急速冷卻（Ph.2）。

❸ 取材料中部分高筋麵粉和②混合拌勻（Ph.3），成爲膏狀。

❹ 其餘的高筋麵粉放入直立式攪拌機內（Ph.4），加入③，用葉型攪拌槳輕輕混拌後，加入①（Ph.5），混拌至粉類完全消失。

❺ 取出④，一邊輕輕揉和一邊整合成團（Ph.6, 7）。放入缽盆中覆蓋保鮮膜，靜置於冷藏室一夜作爲基本揉和麵團（détrempe）。

❻ 用基本揉和麵團包覆奶油，進行折疊作業（3折疊共4次、4折疊1次）詳細作法見203頁。

❼ 將⑥放入上、下火160°C的烤箱中烘烤15分鐘，使其膨脹爲1cm高，上加烤盤加壓，再烘烤45分鐘。冷卻後切成20cm×2cm的大小（Ph.8）。

翻轉蘋果塔

Tarte Tatin

淺井先生認爲紅玉蘋果「不僅是酸味，熬煮至軟，更能成爲糕點製作時最具魅力之處」。在此雖然是將紅玉香煎成焦糖風味，但想要呈現的是加熱至恰到好處，既軟滑又能嚐出原本口感「膏狀與粒狀之間」。將這樣的蘋果填入塔中，搭配同樣有焦糖香氣，10年熟成「古古美酬」冰淇淋，完美呈現經典的反烤蘋果塔和日本傳統風味的融合。

〔製作方法（→食譜205頁）〕

折疊派皮麵團

❶ 將基本折疊派皮麵團擀壓成2.5mm厚，裁切成2cm×21cm。

❷ 將①包捲在包覆了矽膠紙，直徑6cm的圈模上（Ph.1），外側再套上直徑8cm的圈模（Ph.2）。

❸ 放入上、下火180℃的烤箱中烘烤30分鐘（Ph.3）。

香煎蘋果

❶ 削皮去芯的蘋果（紅玉品種）切成薄片，放入缽盆中，使其沾裹上紅糖（casonade）、肉桂、細砂糖、香草莢（Ph.4）。

❷ 細砂糖放入鍋中加熱，呈焦糖色後加入奶油融化（Ph.5），放入①加熱（Ph.6）。

❸ 邊適度地混拌邊加熱至蘋果即將熟透時，倒入蘋果白蘭地（calvados）（Ph.7）。離火（Ph.8）。

❹ 趁熱塡入直徑6cm的圈模，冷凍。

山崎歐培拉

Opéra parfumé au Yamazaki

發源於巴黎歌劇院附近的糕餅店，「Dalloyau」所創作的糕點歐培拉（Opéra）。在此除了最經典咖啡風味的奶油餡和甘那許之外，還加上咖啡冰淇淋等，因爲是盤式甜點所以能有各種搭配，做成可愛的咖啡豆形狀。用「山崎」威士忌果凍和巧克力，描繪出的五線譜來裝飾，表現出這道甜點與音樂的淵源。

〔 **製作方法**（→食譜207頁）〕

組合

❶ 預備各種組合素材，由下層疊。依序是杏仁海綿蛋糕（Ph.1）、咖啡奶油餡（Ph.2）、咖啡冰淇淋（Ph.3）、杏仁蛋白餅（Ph.4）、杏仁海綿蛋糕、咖啡甘那許（Ph.5）、咖啡蛋白糖（Opaline）（Ph.6）。

❷ 在餐盤中用巧克力鏡面淋醬（Glaçage au chocolat）劃出5道波浪狀線條，晾乾。倒入威士忌（山崎）果凍（Ph. 7），冷卻凝固（Ph.8）。

❸ 將①擺放在②上。均衡地放上脆麥粒。

100%巧克力

100% Chocolat

用手工製成的模型來製作可可果形狀的糖殼，當中填入的全是巧克力風味的卡士達、果凍、酥粒（Streusel）、香緹鮮奶油、焦糖、冰淇淋，不愧是〝100%巧克力〞的甜點。糖殼極薄，用湯匙輕敲就會破碎。相對於如此薄脆的糖殼，各種柔軟內餡的搭配，形成鮮明的反差對比。

〔**製作方法**（→食譜208頁）〕

可可果形狀的糖殼

❶ 用紙黏土做成可可果形狀，以矽膠做出模型（Ph.1）。

❷ 在鍋中放入異麥芽糖醇（palatinit）、水、色粉（紅、綠），熬煮至160℃，倒至矽膠墊上，整合成團。

❸ 專用吹管在前端固定②，吹入少量空氣製作成較模型略小的球形（Ph.2）。

❹ 在糖凝固前，將③放入①的模型（Ph.3）中，再次吹入空氣（Ph.4）。

❺ 待糖凝固後，脫模，吹風至完全冷卻（Ph.5）。用加熱過的熱刀從吹管前端切開，使其分離（Ph.6）。

❻ 用噴槍（air brush）將巧克力噴撒至⑤上。略略放涼後，再使用巧克力用色粉噴撒（Ph. 7），用刷子刷上少量的珍珠粉。

❼ 由切去吹管的開口處，擠入巧克力香緹鮮奶油、巧克力卡士達、可可果凍等。

巴黎布雷斯特

Paris-Brest

巴黎布雷斯特，是由往返巴黎和布列塔尼半島之間的自行車賽事而來。在象徵輪胎的大型環狀泡芙中，夾入了帕林內風味奶油餡的傳統糕點。在此添加了布列塔尼特產的鹽味焦糖，泡芙中填入了鹽味焦糖的冰淇淋，再擠入帕林內風味奶油餡。棍狀的糖立體的呈放射狀插在泡芙上，更有象徵車輪的視覺樂趣。

〔 **製作方法**（→食譜209頁）〕

鹽味焦糖冰淇淋

❶ 用鍋子加熱細砂糖，至呈焦糖色後，加入鮮奶油混拌，製作成焦糖。

❷ 在缽盆中放入蛋黃和細砂糖，以摩擦般混拌，加入煮至沸騰的牛奶和香草籽醬混拌。移至鍋中，加入①的焦糖，製作成英式蛋奶醬。

❸ 在降溫至83℃的②中放入奶油、鹽使其溶入。冷卻後用冰淇淋機攪拌製作（Ph.1）。

組合

❶ 烘烤完成的巴黎布雷斯特泡芙，橫向平行分切爲二（Ph.2）。

❷ 下方的泡芙填入鹽味焦糖冰淇淋（Ph.3,4），再接著用聖多諾黑擠花嘴，擠出巴黎布雷斯特奶油餡（Ph.5, 6）。

❸ 覆蓋上層泡芙，盛盤，中央插入裝飾糖棍，再飾以金箔。

V /

MEGUMI NISHIO

houka

移居沖繩已經4年。
走入田地、工坊，
在幫忙農家職人們工作的同時，
探索食材難以被發掘的魅力，
因此而製作出能夠存留在顧客記憶中的甜點。
西尾萌美小姐以自由工作者的型態，
樹立獨特的風格。
在西尾小姐的引領之下，
享受沖繩的自然、食材，以及美好的人文記錄。

屋我地島蜂蜜糖球

在沖繩 _1

屋我地島採收的蜂蜜

這是之前在本島北部的屋我地島，參加當地採收蜂蜜製作甜點活動，所想到的點心。有著淡淡花香的現採蜂蜜，就擺在套餐中最讓人印象深刻的第一道。當時11月採的蜜（依每個時期的花朵不同，蜂蜜的味道也各異）是鬼針草花的香味，我試著搭配了微酸的巧克力，也嘗試各種可可豆和砂糖的組合。

最後選擇在沖繩獨創的配方，用可可豆和甘蔗做出的手工巧克力 TIMELESS CHOCOLATE。用82%哥倫比亞（阿勞卡 Arauca品種），和島製粗糖製作出來的巧克力，有著蘋果般的青澀酸味，跟屋我地島的蜂蜜非常契合。

用這種巧克力，仿照六角形整齊排列的蜂窩製作成外殼，注入蜂蜜。聽養蜂人三浦大樹先生說「一隻蜜蜂一生所採集的蜂蜜量，僅有一湯匙」，懷著感激之心，決定至少形式上要讓蜂蜜回到原本的家。

爲了不破壞纖細的蜂蜜風味，外殼做得極薄，每個都在1.2g以下。將浸泡在屋我地島蜂蜜半年使其熟成的巧克力，與同樣哥倫比亞產的可可豆，搭配屋我地島採收的鹽。最後撒上屋我地蜜蜂腳帶回的各色蜂花粉（Bee pollen），來完成這個糖球甜點。

在向我展示採蜜的過程中，我發現成品並不冠上自己的姓名，而是名爲「屋我地島蜂蜜」，讓我深刻感受到三浦先生對這片土地的尊重。因此，希望傳遞的是「開在這片土地上，沖繩人都見過的野花就是蜂蜜來源」，因此我也摘下生長在屋我地島的鬼針草花作爲盤飾，撕下的花瓣就裝飾在巧克力上。

（→食譜136頁）

夢幻之果蒲桃

在沖繩_2

尋找夢幻的野生果實

桃金孃科蒲桃的果實－我來到沖繩後不久，就聽聞島上有「玫瑰香味的水果」，讓我非常感興趣地持續尋找。幾個月之後，終於知道它稱爲「蒲桃」，也在本島北部，山原國家公園的深山裡發現了野生的樹種。聽說蒲桃喜歡水氣較多的地方，我們就是靠近溪流邊發現的。

野生蒲桃的顏色，像是枇杷般的淡橘色，吃起來還眞的有玫瑰的香味。因爲很脆弱容易碰傷，所以採收當天立即加工非常重要。如果是採收當天，直接新鮮使用，微甜清脆的口感最好吃。若是想要之後使用，就以低糖煮來鎖住這細緻的香氣。

在沖繩蒲桃也是夢幻般的植物，有很多人未曾見過，爲了讓大家認識它的顏色和形狀，希望甜點可以呈現其樣貌。味道是法國糕點中著名的組合「玫瑰／荔枝／覆盆子」。在此替換成「蒲桃（玫瑰的香氣）／新鮮荔枝／綠大黃（Rhubarb）（覆盆子的酸味）」，不使用人工香料，僅以天然的果實香味呈現沖繩風味。

新鮮荔枝是在6月底，跟蒲桃同時期，只有極短暫的採收期，而且也同樣不能久放。綠色大黃也使用數量稀少沖繩縣所產。只能在有限的時間內齊備的3種夢幻食材組合，希望大家能享受到淡淡優雅的香甜韻味。外觀看似樸實，但甜甜的玫瑰香氣與荔枝濃郁的香甜後韻非常強烈，是一道與樸實外觀有著強烈反差、令人驚豔的甜點。

餐盤使用的是能凸顯出質樸的蒲桃，名護的吹製玻璃作家－比嘉奈津子小姐製作的簡單玻璃盤。上面放了完整呈顯果實形狀的糕點和蒲桃的葉子。即使在自然的氣氛中，靛藍的盤緣也會如同相框般表現出整體感。希望把當初在森林裡發現蒲桃時的感動心情傳遞給客人。

（→食譜137頁）

酒粕、野薑花和
發酵的青桶柑

在沖繩_3

不想丟棄的素材

在參觀泡盛工廠時，大城篤光廠長告訴我，殘留黑麴菌灰色的泡盛蒸餾酒粕「カシジェー Kashije」是會被丟棄的產業廢棄物。酒粕雖然也是製作黑麴醋的原料，但份量很少，所以大部分工廠都會付錢處理掉。想讓大家認識這種市場上看不到，其實富含檸檬酸又有番茄美味的沖繩特有素材，是否能不丟棄地將之活用，進而對此產生興趣，於是我想出了這款前甜點（avant dessert）。

酒粕的味道會因工廠而有所不同。這次使用那霸市津波古酒造廠，味道較強且有厚重感的酒麴。黑麴的香氣，加上青桶柑（也是採收後沒有市場價值，從想丟棄的農家收購來的。以低溫儲藏使其自然發酵）並搭配上野薑花。我很尊敬的農家所栽種的野薑花，有著像梔子花般的香甜氣息，同時還有薑科的風味，製作成乾淨、透明如水一般的果凍，以寬厚又低調的發酵風味，將甘甜白花的香氣融合為一。

就個人而言，這也是我為野薑花花田主人，川本小姐製作的點心。與她相識的契機，就是我向她購買了沒有市場價值的青桶柑。不漂亮的果實就不販售，是個對農作物很有堅持的農家。

野薑花若用糖漿醃漬就會枯萎，為了不讓川本小姐失望，因此讓花朵再次綻放在果凍中。包括青桶柑跟酒粕，都不丟棄地製成糕點。被認為沒有市場價值的素材，再次組合成甜點地創造出價值，這樣的心情希望大家也能感受並樂見其成。藉由今村能章先生的作品「手」的容器，作為獻給川本小姐的甜點。

（→食譜138頁）

香檬花與果實、
4種瓜果

在沖繩_4

來自瓜果田

盛夏的沖繩田園，說是「滿地瓜果」也不爲過。市場裡面幾乎看不到葉菜類蔬菜，擺放著的都是各種瓜果。沖繩夏天很熱、濕度又高，瓜果正可以消暑降火。

將這時期才有的4種新鮮瓜果（冬瓜、苦瓜、赤毛瓜、胡瓜），發揮各自的特性製作成夏天的刨冰。冬瓜因爲95%以上都是水分，所以可以不加水直接製成刨冰。這樣就算沖繩的酷熱讓冰馬上融化，這道甜點也能保留清脆的口感，直到最後一口。

搭配隱約有著苦味的刨冰，是醃漬過早春採收的香檬花，具香甜特徵的糖漿，還有浸泡糖漿後切成小顆粒的胡瓜和赤毛瓜。

刨冰上有磨碎的香檬皮，但香檬要7月底左右才會變成綠色，爲了要同時使用花跟表皮，所以從4個月前就開始爲採收花朵而準備。香檬具有堅果般低調的柑橘香氣，能與瓜果的青澀氣味相互調和。使用名護芳野幸雄先生田裡採收的新鮮馬蜂橙（箭葉橙 citrus hystrix）和檸檬草製成的油脂，成爲提味的重點。

二個玻璃容器，是之前曾跟比嘉奈津子小姐討論「沒有適合裝醬汁的容器 ...」時，她提出了「把醬汁形狀化的容器」。倒入液體醬汁後，就會沿著容器邊緣浮現出形狀。這個金色邊緣可愛形狀的容器，彷彿就像個池塘，而我自行將漂浮的胡瓜跟模糊的油脂，想像成『莫內的睡蓮』中那座吉維尼池塘。

透明清澈的糖漿上，有胡瓜的深綠、赤毛瓜的黃綠、刨冰的淡綠、香檬花的象牙色 ...，沒有加入紅或粉紅，雖然只是樸實的淡色調，反而別具抽象之美。

（→食譜139頁）

番石榴與假華拔

在沖繩_5

只有在田裡才能尋得

吃沖繩蕎麥麵不可或缺的島胡椒、假蓽拔（爪哇長胡椒 Piper retrofractum），近年來餐廳中常見作為調味料使用，但市面上大多是乾燥的粉末。既然來到沖繩，就想直接使用土裡慢慢成長的果實，想使用現採的新鮮假蓽拔。

島袋安弘先生栽種的新鮮假蓽拔，有著乾燥品所沒有的強烈青草香氣，而且味道嗆辣。一眼望過田地，果實從尚未成熟到成熟的、過熟的；嫩葉剛冒新芽到已到成長的…，我發現了只有在此才有，充滿獨特魅力的食材。

假蓽拔單獨使用在糕點上會太過辛辣，必須要有能搭配圓融辣味的食材，最後選擇的是香醇的番石榴。番石榴直接新鮮食用，味道並不鮮活，但是加上糖、酸、熱之後，就會呈現出華麗個性。果實直接切丁，籽的周邊做成雪酪，葉子乾燥後應用作成具有香氣和澀味的酥粒。番石榴的葉子，據說有極佳療效，被稱為「沖繩3大草藥」。使用的是以無農藥栽種，今帰仁村農家，高良夫妻田裡連同葉片一起採收的番石榴。

透過比嘉奈津子小姐形容「像子宮，又像突出肚臍」的玻璃容器，所看見的是粉紅番石榴和火龍果堆疊成馬賽克狀的小丁。白色軟綿的假蓽拔泡泡上，裝飾了粉紅色秋海棠花和假蓽拔的嫩葉。看似可愛的盛盤，但入口時新鮮假蓽拔的青草味跟辛辣感、番石榴的南國香氣以及番石榴茶酥粒的澀味在口中擴散。想要呈現食用時出現反差瞬間，所感受到的獨特滋味。

從看到外觀的想像，到入口後發現味道與想像不同時，腦海中瞬間出現"？"。稍縱即逝的混亂，就是在套餐結束前，放鬆並同時被動地等待甜點時，想要給予客人的一點刺激感。

（→食譜140頁）

蛇酒和藥草

在沖繩 _6

藥草的強大力量

沖繩的「蛇酒」給人很強烈的滋補強壯印象，標籤也誇張得連沖繩人都敬而遠之。我所知道的「蛇酒」是活的龜殼花，和好幾種草藥浸泡在泡盛中製成的「藥草酒」。蛇酒（habushu）跟藥草（herbs），剛好名稱上發音很像，藉此機會讓大家認識用心堅持釀造出的蛇酒優點，與沖繩自古傳承下來，藥草文化的強大力量，因此完成這道令人印象深刻的搭配組合。

蛇酒的味道，會因各個造酒廠而不同。這次選用的是有著淡淡藥草香氣，像蕁麻酒（Chartreuse）般的蛇酒。是位於南城市的南都造酒廠所釀造，使用二種酒精濃度，揉和至麵團的是25度，佐餐用的是35度。

蛋糕麵團是以在沖繩被稱爲『健康效果強到醫生會哭』的敘利亞芸香（Ruta chalepensis）爲主，再放入多種當季藥草嫩芽一起烘烤。很多沖繩流傳下來關於藥草的事，都是大清繪梨子小姐（Happy More市場）教我的。

蛋糕與佐餐的蛇酒在口中相遇，35度高濃度酒精逐一喚醒了揉入麵團中的藥草香氣。此外，若加入奶油麵團混拌，就能完成類似白蘭地蛋糕的成品。

比嘉奈津子小姐的容器，給人樸實印象「深綠色餐盤」淡淡的大理石紋路，與這次融合藥草與蛇酒的糕點非常相配。

將蛇酒倒入琉球傳統工藝的錫製酒器中供餐，用小酒杯飲用。喝葡萄酒或利口酒時，每家餐廳都有其獨特的酒杯，那麼飲用泡盛時呢？當我思索這個問題，腦中浮現出上原俊展先生（金細工まつ）的作品。試著把泡盛倒入重視傳統、簡單又高雅的小酒杯裡，果然如想像般，桌面上輝映出蛇酒美麗的酒色。

（→食譜141頁）

蛋黃果蒙布朗、
地豆（落花生）

在沖繩 _7

分辨最佳食用期

直到最近我才明白蛋黃果的美味，因爲這種水果很難分辨恰到好處的成熟度。看起來已變黃色卻沒完全成熟，會像澀柿子般有強烈的澀味，難以直接食用。我到沖繩3年了，挑戰了好幾次一直失敗，讓我都想放棄了。

但今年，我去山原國家公園摘香檬花時，遇到了非常照顧我的農家，具志堅興安先生，他說「這個蛋黃果很好吃喔」，嚐過後果然是令人驚艷的美味。完全成熟的蛋黃果無論是生吃，還是蒸過像地瓜或栗子般食用，都鬆軟甜美。

爲了傳遞當時的那份感動，特別將蛋黃果豪邁地剝開後留下"毛茸茸"的纖維質，直接擺盤。「不加熱，不用篩網過濾，本身的鬆軟澱粉質，就好像過篩後的口感」，這就是蛋黃果最棒之處，也希望讓更多人認識它。

搭配的是沖繩家庭料理，用新鮮地豆（花生）做的花生豆腐半冷凍後，口感就像冰淇淋般，更可以同時享用完全解凍後Q彈的口感。另外，製作花生豆腐時剩下的花生渣，也爽口好吃，因此運用在鮮奶油餡和蛋白餅中。

話雖如此，最大的重點就是「養成能分辨蛋黃果成熟與否的辨識力」。大自然中生長的山野果實無法控制，只能靜待成熟的時機再享用。就像是回到原始的飲食，現在成了我想學習的一種能力。

相對來說，花生豆腐是非常花時間的家庭料理，所以在等待蛋黃果完全成熟的期間，持續做好其他搭配食材的預備作業。今村能章先生製作附把手的深綠色容器，將蛋黃果的橘色襯托得更加鮮明亮麗。

（→食譜142頁）

衆神的飲品

在沖繩_8

故事的層次

可可有「Theobroma眾神的食物」之名，歷史上從古代馬雅文明時期，就是奉獻給眾神的神聖食物。

在沖繩，從以前就有在豐收祭時，供奉祭壇「眾神的飲品」的習慣。現在糸滿市·浜石垣もち屋（MOTIYA）的MIKI（甜酒釀），就是一種用米跟發芽的麥芽，以傳統的手法製成。可可跟甜酒釀都是發酵食品。因此將獻給神的可可及甜酒釀在杯中分層，將可可經發酵成爲巧克力的過程，藉由入口享用來體驗感受它的故事。

飲品利用比重不同而分成4層，隨著飲用，依序會感覺味道依著①～④的順序變化。

①像可爾必思般有著清爽酸味的MIKI（甜酒釀）泡沫（甜酒釀略靜置出現酸味後使用）

②製造巧克力時，包覆著可可豆使其發酵，綠色香蕉葉的香氣（用島香蕉呈現）

③包覆在蕉葉裡，持續發酵可可果肉的果香味（可可果肉的果汁）

④被果肉的甜度包覆，持續發酵的可可豆，具深層的風味（巧克力飲品）

僅用植物性食材做出的飲品，味道濃郁又清爽。而且因爲作爲基底的MIKI（甜酒釀）本身具有甜味，所以完全不添加水或糖，更能突顯出風味。

起源是因爲一起去參觀台灣農園的今村能章先生所做出的杯子，給了我靈感而發想出這道甜點。在農園中採收的可可果，以其形狀做出的杯子，雖然從外面看不出到底裝了什麼，但正因爲看不到，所以才會更驚訝飲用時味道的變化。最後，就以和杯子相同農地所產，台灣產可可豆的巧克力做收尾。

（→食譜143頁）

豬、生與死、循環的糕點

在沖繩_9

將豬肉飲食文化帶入糕點中

沖繩的豬肉飲食文化可說是「除了叫聲跟腳印之外，全部都能吃」。傳統料理也有很多使用豬肉，甚至還有「Chiiricya炒豬血」這樣的料理，豬的全身上下都能成爲沖繩餐桌上的美食。

但我聽說最近使用血的料理越來越少，被丟棄的部位也變多了，因此想到能否將不被使用的部位做成點心呢 ...，剛好在沖繩胡差市，以新鮮縣產豬肉製作熟食冷肉，TESIO的嶺井大地先生，將製作熟食冷肉過程中不要的豬皮送給了我。新鮮的豬皮經過仔細處理，汆燙後就能取出沒有腥臭味又乾淨的明膠。從 TESIO後方，胡差市老字號商店街的肉鋪，取得了新鮮的豬血。我參考了一向與沖繩關係密切，台灣的豬血料理，製作了豬血布丁，最後完成了以豬爲食材製成的糕點。一般來說若是循環使用丟棄的東西，一定會產生混濁，但不可思議的居然完成了如水般清澈的糕點。

鮮艷如血般的甜菜湯、略帶鹹味的豬血布丁、皮下肉般淡粉色的草莓布蕾、紅黑色的洛神花嫩芽 ...，雖然看起來好像是活生生的血在流動，但全部都是已經死亡（被摘下）的素材。

生與死總是一體兩面地連鎖循環著，營養豐富被稱爲『喝的血液』的甜菜，豬血的鐵質，明膠的膠原蛋白，草莓的維生素，吃的這些都會成爲我們身體的養分。食材死的循環，造就了我們的生命。

最後放上鮮艷紅色的原生種食用扶桑花，扶桑花在沖繩也被叫做『後生花』，是爲了紀念死者，從以前就會種植在墓地旁。心懷對死者（豬或植物生命）的弔念與感謝，以「生與死」爲主題，除了放入今村能章先生製作，顱骨容器裡的甜點外，還放了當天所摘下座安樹苗園的後生花。

（→食譜144頁）

琉球與紅茶的茶粥

在沖繩_10

相同土地的同伴

當我思索者能否用沖繩的美味稻米（名護周邊長期稻作的品種－羽地米），應用在甜點時，腦海浮現出的就是法國甜點中最具代表的「Riz-au-lait米布丁」。

在我的故鄉奈良，自古以來就有在餐食最後以「茶がゆ」當作結束的待客文化。希望能在脂肪較多的套餐最後，呈現清爽的風味，從法國米布丁到茶がゆ，最後想出了「紅茶粥」，以紅茶烹煮而成的粥品。

紅茶選用紅富貴品種，名護市金川製茶的比嘉竜一先生，不斷在錯誤中嘗試製作出的紅富貴，具有香氣和甘澀，爲活用這樣特有的高貴香氣，因此將煮米用的熱水浸泡紅茶製成紅茶液，與供餐前混拌用的冷泡紅茶，共使用2種。

粥品常見的搭配，就是以「霰」爲概念的煎焙糙米，同樣也使用羽地米的糙米。沒有甜味清淡爽口的紅茶粥，重點就在於添加了鳳梨（這也是名護名產），跟洋蔥做的濃郁酸甜醬（chutney）。最後在口中混合的酸甜醬和香氣十足的紅茶，就像是酸甜印度奶茶那樣令人趣意橫生。羽地米、紅茶、辛香料、鳳梨等，全都是從山原名護上所採收“土地的同伴”，串連這些食材，彙整出自然與味道的融合。

至於盛裝清透紅茶色澤茶粥的容器，我選擇了比嘉奈奈津子小姐的蛋形玻璃碗。簡單的甜點裝飾，就用難得一見野生紅葉閉鞘薑（Spiral ginger）的黃花。透明淡黃色的花瓣，故意稍微撕破放上做爲最後裝飾，像是從容器裂紋中溢出，呈現碎玻璃般的整體感。

紅葉閉鞘薑的花有檸檬般的酸味，與紅茶結合就好似檸檬紅茶。不但是裝飾，也是這道甜點的調味料。

（→食譜145頁）

羅望子果實

在沖繩_11

保持自然的形態

羅望子（tamarind）以辛香料聞名，市場上也能看到眞空袋包裝，壓成板狀般塡得滿滿的紅黑色果肉，很難想像原來是什麼樣的植物。

數年前，在滿名匠吾先生和崎濱ちはる女士的引領下，學習了許多關於山原豐富的自然食材，初次在沖繩見到果實纍纍羅望子樹的當時，感動萬分。小小飄動的葉片，立刻就能瞭解它是豆科的植物。可愛的果實形狀，眞的也希望大家有緣一睹。所以將羅望子的殼直接作成模型，再做成餐後精緻的一口小甜點（Mignardises）。

希望大家也能感受植物原本形體的原因，是因爲羅望子生長的環境在亞熱帶，沖繩才看得到。大型枝幹直接上桌，請客人自行〝採收〞果實。只在這段期間盛開的花朵，綻放在枝椏上，令人感受到強大的生命力。

打開外殼中央看得到的是稜果蒲桃（pitanga）（和西印度櫻桃近似的紅色果實）與番茄做的果凍。和羅望子神似的果凍中央，放的就是帶籽的羅望子果肉。

即使是小規模的餐廳，也能簡單製作完成。像是製作水果軟糖（pâte de fruits），但卻不使用果膠，而是使用即使少量也容易處理的明膠來凝固。雖然風味有些特殊，但稜果蒲桃與羅望子的風味自然結合，最後還能品嚐到羅望子種籽周圍，具有水果風味又帶著梅子般酸味的羅望子果肉。

套餐的最後，大多會提供咖啡或香草茶等溫熱的飲料。利用這樣的情境，可以期待藉由飲料提升口腔內的溫度，使明膠立即溶化，最後羅望子果肉會留在口中的一口小甜點（Mignardises）。再者，熱度會使辛香料的香氣更明顯，具有提高風味的效果。

（→食譜146頁）

桶柑花、甘蔗的灰汁

在沖繩_12

島上的傳承

作爲新沖繩甜點的前鋒「是否能結合現代紅型染(Bingata)的技術呢？」一直很欣賞紅型工藝家－縄トモコ小姐的風格，因此試著詢問。

請縄小姐幫忙雕刻使用蜜柑花的模板，把桶柑果汁的『顏色』乾燥後重複塗在盤子上，然後畫出蜜柑花的圖案。待冰淇淋溶化時同時食用圖案，這應該是前所未有的甜點嘗試。

原本的紅型染，是將模具應用在布料上色，並對各種圖案進行染色。我將白盤當作布料，使用縄小姐給我的紅型染毛刷，運用工坊中學到，嘗試加入模糊的著色(雖然跟縄小姐的紅型染相差很遠)。

與柑橘畫出的花朵互相搭配，是我在沖繩最喜歡的食材“甘蔗”。我和現今少數仍用手工熬煮黑糖的職人－渡久地克先生，從一起採收甘蔗到熬煮黑糖，作業過程中有一個『撈灰汁』的步驟。想試試被丟棄的灰汁能否使用，經過反覆試驗，在熬煮原味砂糖時，發現植物的香味被濃縮，產生像抹茶般的深層滋味，因此想到可以用灰汁來增加冰品和酥粒的風味。

畫龍點睛滴淋用的「黑糖蜜」，與用水溶化黑糖煮沸的一般黑糖糖漿不同，只用100％的新鮮甘蔗汁熬煮而已。既有水果風味又帶酸味的最佳天然糖漿，提高了甘蔗全體的調和感。

自古以來在琉球點心中佔有重要地位的「紅色」食用色素，將其繪入蜜柑花朵雌蕊的部分就完成了。這道甜糕點呈現的是蜜柑的時間軸，雖然雌蕊之後將成爲果實，但花跟果實無法同時成立，花落之後才開始結果。相同的，盤子上的花朵圖案用冰淇淋溶解後變成蘸醬，圖案不見之後，才開始在口中感受到柑橘的味道。期望從甜點的餐盤之中，讓大家體悟到大自然眞理。

(→食譜147頁)

屋我地島蜂蜜糖球

以在沖繩北部，屋我地島上盛開的鬼針草花或香檬等採收的蜂蜜，製成的「屋我地島蜂蜜」爲主角，發想的一道甜點。從對養蜂人家、對屋我地島的敬意，以至於巧克力的品種和產地都仔細推敲，而選擇了哥倫比亞產的可可豆。「現今從可可豆的品種，到要與哪種砂糖搭配，都可以自由選擇的時代，希望大家能找最適合自己的組合」，西尾小姐如此建議。

［材料］

巧克力的六角殼

巧克力（哥倫比亞・阿勞卡產。可可成分82%＋島製粗糖）…適量

蜂蜜漬可可豆碎粒*

蜂蜜（屋我地島蜂蜜）
可可豆碎粒（哥倫比亞·阿勞卡產）
…各適量
＊熟成需要花半年左右，因此必需事先預備。

完成

蜂蜜（屋我地島蜂蜜）…1個約5g
鹽（屋我地島的鹽）
蜂花粉（花粉）…各適量
鬼針草花…1朵

［製作方法］

巧克力的六角殼

❶ 調溫巧克力（配合巧克力的種類以最適當的溫度進行。在此是55℃→27℃→32℃）。
❷ 將①倒入六角模型中，做成1個1.2g以下的極薄外殼（Ph.1）。

蜂蜜漬可可豆碎粒

煎焙過的可可豆碎粒浸漬在蜂蜜中，於室溫放置半年使其熟成（Ph.2）。

完成

❶ 在巧克力的六角殼內，放入1.2g的蜂蜜漬可可豆碎粒。
❷ 擺放極小撮的鹽。
❸ 倒入蜂蜜（Ph.3）。
❹ 在供餐前裝飾上蜂花粉（Ph.4）。摘下1朵鬼針草花擺盤，取其花瓣裝飾巧克力。

1

2

3

4

夢幻之果蒲桃

糖煮玫瑰般甘甜香氣的蒲桃果實，填入沖繩產荔枝及荔枝慕斯、綠色大黃的雪酪。藉由西尾小姐之手，將法國糕點重新建構成「沖繩風的伊斯巴翁 ISPAHAN」。蒲桃是山間的果實，宛如直接掉落般地盛盤，搭配葉片呈現。「延伸出玻璃餐盤外框的葉片，爲小巧精緻的甜點帶來大膽的節奏」。

［材料］

蒲桃果實

蒲桃果實＊…5個
砂糖…適量（依蒲桃甜度而調整）
水…約砂糖的4倍量
＊收獲的新鮮蒲桃果實，當天可以直接使用。若需保存則糖煮。

新鮮荔枝慕斯

新鮮荔枝…5個（大顆）
蛋白…1/2個
粉狀明膠…荔枝和蛋白總重（淨量）的1.5%

大黃雪酪

綠色大黃…85g
砂糖…28g
水…150g
水飴…28g
蛋白…1/2個

完成

瀝乾水分的優格
蒲桃葉片…各適量

［製作方法］

蒲桃果實

❶ 蒲桃果實去蒂、去籽。蒂頭的部分連同果實一起糖煮，完成時作爲蓋子使用。
❷ 煮沸水和砂糖，用小火煮①的蒲桃10分鐘，在浸漬糖漿的狀態下冷卻，保存於冷藏室（低糖度不適合長期保存，請儘早使用）。

新鮮荔枝慕斯

❶ 剝除新鮮荔枝殼，切成4等分，取下果核和周圍茶色的薄膜。一旦分切就會流出許多果汁，因此全部留下備用。果肉取下留作完成時使用。
❷ 加熱部分①的荔枝果汁，溶化粉狀明膠，倒入其餘的果汁中，冷卻至產生稠度。
❸ 確實打發蛋白，加入②，輕柔地混合。倒入方型淺盤中冷卻凝固。

大黃雪酪

❶ 綠色大黃切成一口大小，撒上砂糖釋出水分。
❷ 在鍋中放入水、水飴、①的大黃，煮至柔軟。
❸ 用料理機攪打成泥狀。
❹ 置於冷凍室凍結後，用食物調理機攪打至滑順（或用 Pacojet 冷凍粉碎調理機攪打）。
❺ 確實打發蛋白，加入④混拌，再次冷凍。

完成

❶ 將蒲桃擺放在餐盤上（Ph.1），將大黃雪酪擠至蒲桃果實不到一半的高度（Ph.2）。
❷ 盛放瀝乾水分的優格1小匙（Ph.3）。
❸ 舀入新鮮荔枝慕斯，並擺放荔枝果肉（Ph.4）。
❹ 蓋上蒂頭部分，裝飾蒲桃葉。

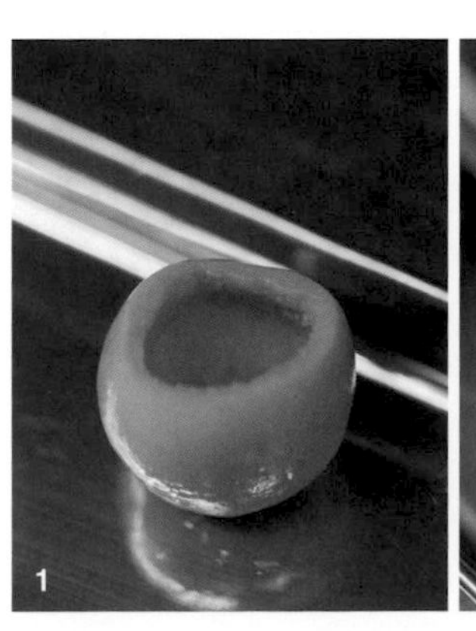
1

2

3

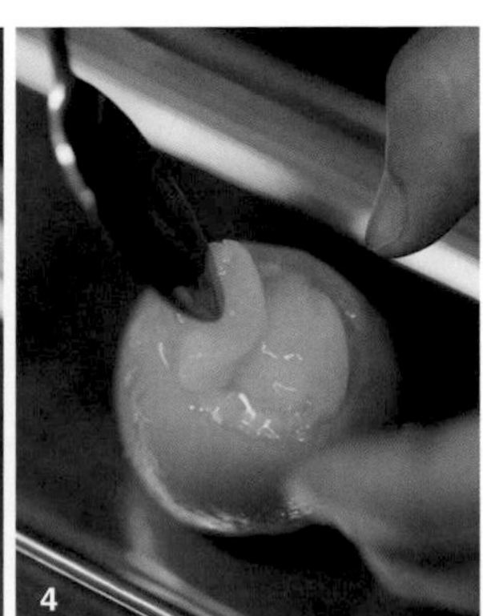
4

酒粕、野薑花和發酵的青桶柑

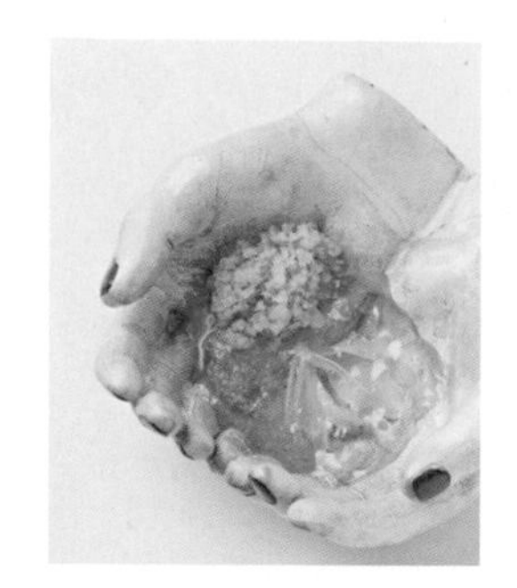

爲活用製作泡盛時榨出的酒粕「カシジェー(Kashije)」而創作出的糕點。有來自酒麴本身的美味，與獨特香氣的酒粕粗粒冰沙，搭配的是「單獨使用時有強烈香氣」(西尾)野薑花作成的果凍，和散發爽朗發酵香氣的青桶柑果汁。個性豐富的食材，各有其特色同時又能完美互補，達到絕妙的平衡境界。

［材料］

野薑花果凍

野薑花的糖漿
- 野薑花
- 砂糖 … 各適量
- 水 … 砂糖的一倍量

洋菜(Agar-agar)
… 糖漿液的0.03%
水 … 適量

酒粕粗粒冰沙

泡盛酒粕(蒸餾酒粕)
泡盛的釀造水(或礦泉水)
… 各適量

發酵青桶柑

青桶柑 … 適量

［製作方法］

野薑花果凍

❶ 製作糖漿。剝除採收野薑花的根部薄皮，放入缽盆。
❷ 在鍋中放入砂糖和水，煮至沸騰。澆淋在①的缽盆中，直接放置冷卻(Ph.1)。
❸ 製作果凍。在②的糖漿中添加水分，調整成製作果凍時恰到好處的味道。
❹ 從③當中先取出野薑花，在糖漿液中添加洋菜，煮至沸騰。倒入方型淺盤。
❺ 在果凍液凝固前，整理花的形狀放回凝結(Ph.2)。

酒粕粗粒冰沙

❶ 在酒粕中加入釀酒用水，調整製作成粗粒冰沙時恰到好處的風味。
❷ 放入方型淺盤，邊使其凍結邊攪拌，成爲細碎刨冰狀(Ph.3)。

發酵青桶柑

❶ 青桶柑低溫貯藏約3個月，使其發酵。
❷ 剝去①的表皮(包括白色纖維)，用食物調理機攪打，作成青桶柑皮泥(Ph.4前方)。
❸ 搾取①的果肉，作成發酵青桶柑果汁(Ph.4外側)。

完成

❶ 在手掌形容器內放入野薑花果凍和一朵花。
❷ 果凍旁搭配發酵青桶柑皮泥，再澆淋發酵青桶柑果汁。
❸ 酒粕粗粒冰沙盛放在果凍旁邊。

1

2

3

4

香檬花與果實、4種瓜果

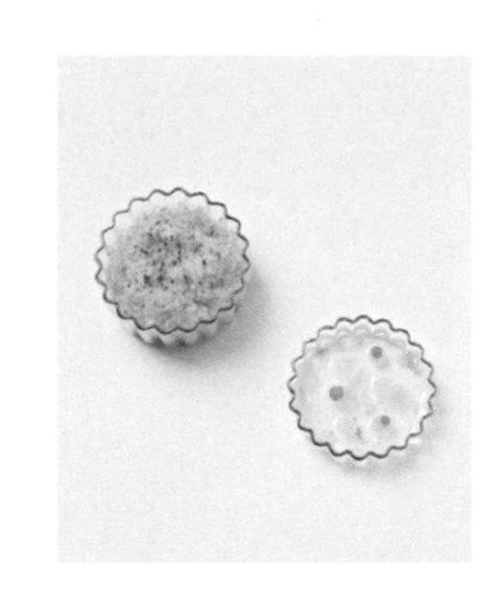

夏季沖繩多彩的瓜類青草氣息，搭配香檬香氣的一道甜點。左邊容器內是苦瓜和冬瓜的冰沙，澆淋右邊容器的香檬花糖漿，就像刨冰般享用。粗粒冰沙是以無添加水分和果糖，100%瓜類製作而成。沈浮在糖漿中的胡瓜與赤毛瓜，以食鹽搓洗並保持鮮脆口感，依瓜果特性製作，各別呈現出不同的口感和色澤。

［材料］

苦瓜和冬瓜的刨冰

苦瓜…1根
冬瓜…小型1/2個

香檬花糖漿

香檬花…適量
砂糖…適量
水…砂糖的倍量

糖漿醃漬的赤毛瓜和胡瓜

糖漿
- 檸檬草（青色葉片）…1根
- 砂糖…65g
- 水…300g

赤毛瓜
胡瓜
鹽…各適量

馬蜂橙和檸檬草的油

馬蜂橙的葉片（新鮮）
檸檬草（根部白色部分）
葡萄籽油…各適量

完成

礦泉水…適量
青香檬…適量

［製作方法］

苦瓜和冬瓜的刨冰

❶ 苦瓜僅削下表皮深濃的綠色部分。
❷ 冬瓜去皮去囊後，將瓜肉剖分磨成泥。
❸ 混合①和②，放入方型淺盤中，邊凍結邊進行攪拌，製作成細碎刨冰狀的冰沙。

香檬花糖漿

❶ 採收的香檬花，輕輕洗淨後，瀝乾水分放入缽盆。
❷ 在鍋中放入水和砂糖，煮至沸騰。倒入①的缽盆，直接放置冷卻。

糖漿浸漬的赤毛瓜和胡瓜

❶ 製作糖漿。在鍋中煮沸熱水，放入切成細絲的檸檬草葉片（Ph.1），蓋上鍋蓋放置10分鐘。
❷ 放入砂糖，再次煮至沸騰，過濾冷卻。
❸ 胡瓜撒上略多的食鹽，用鹽揉搓。放置5分鐘，清洗後用小型挖杓挖出圓形瓜肉。
❹ 赤毛瓜削皮去籽，與③同樣地用鹽揉搓，再挖出圓形瓜肉。
❺ 將③、④浸漬在糖漿中1天。

馬蜂橙和檸檬草的油

❶ 在辛香料磨缽中，放入檸檬草的根和馬蜂橙的葉子，搗碎。
❷ 邊注入加溫至60°C的葡萄籽油，邊充分搗碎。過濾（Ph.2）。

完成

❶ 在香檬花糖漿（連同花一起），加入礦泉水，調整味道。
❷ 將①裝入容器，隱約浮現赤毛瓜和胡瓜的糖漿浸漬。
❸ 在②點狀滴上馬蜂橙和檸檬草的油。
❹ 在另外的容器裝入苦瓜和冬瓜的刨冰，撒上磨碎的青香檬表皮。

1

2

番石榴與假蓽拔

爲了緩和新鮮假蓽拔（Long pepper）的鮮明辛辣，搭配有著醇美香氣的番石榴和火龍果。番石榴茶酥粒直接活用葉片的香氣和澀味，不用奶油而是用液體油爲基底完成。番石榴的果實切成碎丁之外，番石榴籽周圍的果肉也可運用。「雖然是一般會丟棄的部位，但仔細地過濾出番石榴籽周圍的果肉，可以用在雪酪製作。」

［材料］

番石榴碎丁

番石榴…適量
砂糖…番石榴重量的15%
火龍果（紅）
假蓽拔蜂蜜＊…各適量
＊過熟的大紅假蓽拔果實，澆淋足以浸漬的屋我地島蜂蜜，置於冷藏室1個月左右熟成。

番石榴雪酪

番石榴籽周圍的果肉…適量（使用90g果泥）
水…18g
砂糖…16g（依番石榴的甜度來調整）
水飴…9g
香檬果汁…適量

假蓽拔泡泡

假蓽拔（新鮮，紅色成熟的）
牛奶…各適量
卵磷脂…少量

番石榴茶的酥粒

番石榴葉（使其乾燥後製成粉狀）…8g
A
- 低筋麵粉…30g
- 高筋麵粉…15g
- 全麥麵粉…10g
- 玉米粉…15g
- 杏仁粉…10g

蜂蜜…2大匙
沙拉油…40g

完成

假蓽拔嫩芽
海棠花…各適量

1

2

［製作方法］

番石榴碎丁

❶ 削去番石榴表皮，挖除番石榴籽，果肉切成1cm塊狀，取出番石榴籽周圍的果肉（用於雪酪）。
❷ 將砂糖撒在①的番石榴上，放置1小時，釋出水分。
❸ 將②放入鍋中，用大火迅速加熱至水分收乾爲止，冷卻。
❹ 火龍果剝去表皮，切成1cm塊狀。
❺ 用假蓽拔蜂蜜混拌③、④。

番石榴雪酪

❶ 取出的番石榴籽周圍的果肉，用鍋子加熱至沸騰後，用料理機攪打，過濾。
❷ 水、砂糖、水飴煮至沸騰後冷卻。放入①的番石榴果泥混拌，用香檬汁調整風味。
❸ 將②冷凍後，以食物調理機攪打至呈滑順狀態（或用Pacojet冷凍粉碎調理機製作）。

假蓽拔泡泡

❶ 牛奶加熱至40°C，放入卵磷脂使其溶化。
❷ 假蓽拔（Ph.1）切成小段加入①，用手持電動攪拌棒攪打，過濾。

番石榴茶的酥粒

❶ 在缽盆中混合蜂蜜和沙拉油，使其乳化。
❷ 混合**A**過篩，加入①中，粗略混拌。
❸ 剝成小碎粒狀，用140°C的烤箱烘烤20分鐘（Ph.2內側。外側是番石榴葉）。

完成

❶ 在玻璃餐盤凹槽的最底下，舖放番石榴茶的酥粒。
❷ 番石榴、火龍果碎丁，從玻璃外側能看出馬賽克形狀般地排放（番石榴和火龍果交替堆疊）。
❸ 番石榴雪酪做出橢圓形（Quenelle），擺放在番石榴碎丁上。
❹ 番石榴和假蓽拔的泡泡，用手持電動攪拌棒使其飽含空氣地攪打至膨鬆柔軟，舀起放入。
❺ 裝飾假蓽拔嫩芽和海棠花。

蛇酒和藥草

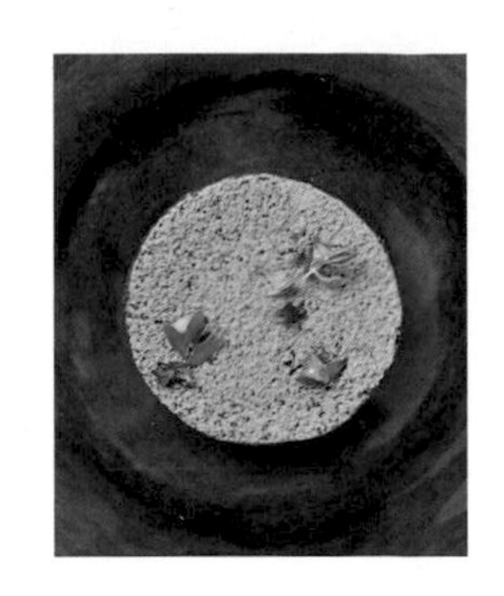

藥草蛋糕，揉合了榛果般敘利亞芸香（Ruta chalepensis）的風味、令人聯想到抹茶的手製純黑糖的香氣、蜂蜜花香等，呈現出複雜的滋味。在此使用蛇酒，在靜置增添風味層次的同時，也讓滋味更加安定沈穩。完成時擺盤的新鮮藥草風味會很強烈，爲了不影響蛋糕，僅選用少量的嫩芽，完成色香味都不張揚的質樸甜點。

［材料］

藥草蛋糕

（直徑5.5cm的圈模10個）
奶油…55g
黑糖（渡久地先生的手製純黑糖）…35g
蜂蜜（屋我地島蜂蜜）…30g
全蛋…1個
藥草（敘利亞芸香等季節性香草約10種）*1
…1小撮
A
- 杏仁粉…15g
- 泡打粉…1/2小匙
- 低筋麵粉…50g
- 鹽…1小撮

蛇酒（南都酒造廠。25度）…適量

完成

藥草粉 *2
藥草嫩芽（裝飾用）
蛇酒（南都酒造廠。35度）…各適量

*1 使用田裡摘採的新鮮藥草。
*2 琉球艾蘽（艾蘽）、茴香（Fennel）等香草乾燥後製成的粉末。

［製作方法］

藥草蛋糕

❶ 在柔軟的奶油中加入黑糖、蜂蜜用攪拌器混拌。
❷ 加入全蛋，再繼續混拌使其乳化。
❸ 放進切碎的藥草（Ph.1），混拌。
❹ 過篩A的粉類，加入③，用橡皮刮杓粗略混拌，裝入擠花袋內。
❺ 在圈模的內側舖放烤盤紙，擠入④的麵糊。
❻ 以160°C的烤箱烘烤25分鐘（Ph.2）。
❼ 完成烘烤後，用刷子將蛇酒刷塗在蛋糕上（Ph.3）。靜置於常溫中約一週，待藥草風味滲入蛋糕時才供食用。

完成

❶ 藥草蛋糕放置在平坦底板上，以茶葉濾網篩上藥草粉（Ph.4）。
❷ 盛盤，擺放藥草嫩芽。
❸ 將35度的蛇酒放入錫製小酒杯中，連同小酒杯一起供餐。

1

2

3

4

蛋黃果蒙布朗、地豆（落花生）

黃色橢圓形的果實，被稱爲 Egg Fruit的蛋黃果。說是水果，但浮現在腦海中的是完全沒有水分，特徵像南瓜或地瓜般鬆軟甘甜。製作花生豆腐剩餘花生渣的爽脆、花生豆腐本身的Q彈、蛋白餅的輕脆等，利用多種口感的組合變化，烘托出蛋黃果沈穩又滑順的口感。

［材料］

花生豆腐

花生（新鮮、去皮）*…100g
水 …360g
木薯粉 …30g
*地豆，就是落花生。

花生香緹鮮奶油

花生豆腐的花生渣 ...適量
鮮奶油（乳脂肪成分38%）…100g
砂糖（鮮奶油的3%）…3g

花生蛋白餅

花生豆腐的花生渣 *…9g
蛋白（冰涼備用）…35g（雞蛋1個）
砂糖 …5g（蛋白霜用）
乾燥蛋白 …0.8g
A ［玉米粉 …4g
糖粉 ...27g］
*製作花生豆腐剩餘的花生渣，以80°C的烤箱烘烤2小時使其乾燥，冷卻而成。

乾燥的燙煮花生和薄膜

花生（乾燥、帶皮）…1盤約3粒左右
水 … 適量
鹽 … 水的1.5%

酸漿果醬（cinfiture）

酸漿（燈籠果 physalis）…70g
砂糖 …7g（酸漿的10%）

花生豆腐醬汁

醬油 …1/2大匙
味醂 …1小匙
泡盛 …1小匙
砂糖 …1小匙

完成

蛋黃果（成熟的）…1個

1

2

［製作方法］

花生豆腐

❶ 花生浸泡在水中一夜。
❷ 用料理機攪打，放置並確實過濾。放置過濾後剩餘的花生渣保留備用。
❸ 木薯粉和②放入鍋中煮至溶化後，邊混拌邊加熱，煮約30分鐘。
❹ 倒入方型淺盤中，冷卻凝結。

花生香緹鮮奶油

❶ 花生豆腐的花生渣用微波爐（600W）加熱2分鐘，攤放在方型淺盤中，冷卻。
❷ 在鮮奶油中加入細砂糖，打發。
❸ 將①的花生渣大量加入②當中，大動作混合拌勻。

花生蛋白餅

❶ 在蛋白中放入砂糖和乾燥蛋白打發，打成略硬的蛋白霜。
❷ 在①中放入花生豆腐的花生渣，加入混合完成過篩的**A**，用橡皮刮杓大動作混拌。
❸ 薄薄地攤平，再撒上花生渣（份量外），放入100°C的烤箱中烘乾。

乾燥的燙煮花生和薄膜

❶ 從花生殼中剝出花生仁。
❷ 將水和鹽放入鍋中煮至沸騰，放入①煮約20分鐘，直接放涼。
❸ 將花生仁與薄膜分開，花生仁用紙巾拭乾水分，薄膜用100°C的烤箱中烘乾。

酸漿果醬

❶ 酸漿對半分切開，撒上砂糖釋出水分。
❷ 在鍋中邊混拌邊熬煮至水分蒸發。

花生豆腐醬汁

在鍋中放入全部的材料，煮至沸騰，放涼。

完成

❶ 在容器底部擺放凍結的花生豆腐，滴淋醬汁（醬汁爲了能最後入口，滴淋在最後面）。
❷ 將酸漿果醬擺放在①的前方。
❸ 花生香緹鮮奶油放在②的前方。
❹ 剝去蛋黃果的外皮，像是撕開果肉般地將纖維外露出來（Ph.1），擺放在香緹鮮奶油上。
❺ 撒上燙煮花生、剝開的花生蛋白餅（Ph.2）插在花生豆腐上，再用花生薄膜裝飾。

衆神的飲品

與口嚼酒系出同源的MIKI（甜酒釀），混合了稱爲「Theobroma＝眾神的食物」的巧克力。4種不同比重的液體因而產生層次，飲用時味道也會隨之變化。藉由這樣的故事性，簡單的飲品也變身成餐廳的甜點。甜酒釀也不是不能用日本甘酒取代，但此時就必須要注意甜度與酸味的平衡。此外，爲保持酵母的活性，也要注意不能過度升溫。

［材料］

MIKI

MIKI（糸満市・浜石垣もち屋（MOTIYA），以下相同）…適量

島香蕉飲品

島香蕉（成熟的）…小型1根
MIKI（甜酒釀）
…約是香蕉的3倍份量

巧克力飲品

巧克力（台灣產可可。
可可成分100%）…30%
MIKI（甜酒釀）
…約是巧克力的3倍份量
可可果汁（果肉100%）…100g

［製作方法］

MIKI（甜酒釀）

剛完成製作的MIKI（甜酒釀）有強烈的甜味，酸味略顯不足，因此靜置於冷藏室3～5天，使其發酵。每日確認發酵的程度，待出現像可爾必斯般的酸味和甜味時，就可使用了（Ph.1）。所有的材料使用的都是這樣狀態下的MIKI。不立即使用時，請冷凍保存。

島香蕉飲品

❶ 用手持電動攪拌棒將島香蕉攪打成泥。
❷ 放入MIKI稀釋，飲用時調整成適當的濃度。

巧克力飲品

❶ 巧克力隔水加熱，保持在40℃以下使其融化（過熱時會造成MIKI中的酵母死亡，必須注意溫度）。
❷ 將MIKI略加溫至20℃左右（酵母活菌狀態下，巧克力不會凝固的溫度）。
❸ 在巧克力中少量逐次地加入MIKI，使其乳化（Ph.2），調整至適當的濃度。

完成

❶ 玻璃杯底注入巧克力飲品。
❷ 可可果汁用電動攪拌棒攪打使其飽含空氣，使用調酒匙（Bar Spoon）由玻璃杯緣輕輕注入。
❸ 島香蕉飲品用電動攪拌棒攪打使其飽含空氣，與②同樣地注入杯中。
❹ MIKI用電動攪拌棒攪打使其飽含空氣，同樣輕巧地倒至最上層，共計4層（Ph.3）。

1

2

3

豬、生與死、循環的糕點

挑戰將沖繩的豬肉飲食文化變成甜點的一道。作成焦糖布丁的豬血、帶有膠原蛋白的豬皮、使用的都是鮮度十足的食材，到了黃昏就會枯萎的扶桑花也是當天現摘的。除了沖繩縣之外，或許很難將原本要丟棄的食材重新加以活用，創造出甜美風味的甜點，只有在這片土地上，才可能讓這樣嶄新的甜點重現。

［材料］

甜菜湯

甜菜、水、醋 … 各適量

蘋果皮籽汁

蘋果皮、芯、籽 … 各適量

蘋果發酵液

蘋果皮、芯
水 … 各適量

豬皮明膠

豬皮（新鮮的）… 適量
水 … 預備處理的豬皮4倍份量

豬血布丁

豬血（新鮮的）… 適量
水 … 豬血約3倍份量
鹽 … 少量

完成

草莓果泥 *1、扶桑花 *2、洛神花嫩芽 ... 各適量

*1 切成適當大小的草莓（名護MANMARU農場的YOTSU-BOSHI品種）煮開後冷卻，再用料理機攪打成果泥。
*2 後生花。原生種的食用扶桑花。

［製作方法］

甜菜湯

❶ 甜菜洗淨帶皮，直接放入添加醋的水中烹煮。冷卻。
❷ 剝去①的外皮，切成適當大小，用足以覆蓋食材的水煮至柔軟。
❸ 將②連同煮汁一起放入料理機攪打，過濾。

蘋果皮籽汁

❶ 蘋果取皮與芯，倒入足以淹沒食材的水，煮至沸騰後，熄火。待放涼後再次加熱。
❷ 每天進行數次、10天之內每天重覆作業（中途水分不足時，可適度地補足）。
❸ 熬煮至釋出濃稠的果膠，呈現自然茶色爲止，過濾。

蘋果發酵液

❶ 煮沸的瓶中放入足以浸漬蘋果皮和芯的水。
❷ 常溫放置3天～1週，當發酵至開始出現小小氣泡時，過濾。

豬皮明膠

❶ 豬皮（Ph.1）放入沸騰的熱水中浸泡，重覆進行2次。
❷ 將豬皮上的脂肪用刀子完全去除（Ph.2），即使只殘留一點點脂肪，都會產生腥味，所以必須要仔細切去。
❸ 將②的豬皮用水沖洗後，切成小塊。
❹ 將豬皮和水放入鍋中，用極小的火避免沸騰地加熱30分鐘。
❺ 用濾網過濾後，再次用濾紙過濾，冷卻，置於冷藏室凝固（Ph.3）。

豬血布丁

❶ 豬血若有塊狀時，可用食物調理機攪打使其均勻。
❷ 少量逐次地在①中添加水分，加入鹽混拌。
❸ 將②倒至方型淺盤上，用蒸籠蒸約10分鐘使其完全受熱。待降溫後放入冷藏室冷卻（必須當日使用完畢）。

完成

❶ 將甜菜湯、蘋果皮籽汁、蘋果發酵液混合並調整味道，倒入容器中。
❷ 依序用湯匙將豬皮明膠和豬血布丁舀至湯中，在湯中浮沈（Ph.4）。
❸ 滴入濃稠的草莓果泥、擺放洛神花嫩芽、取下扶桑花的花萼，使花瓣飄散裝飾。

1

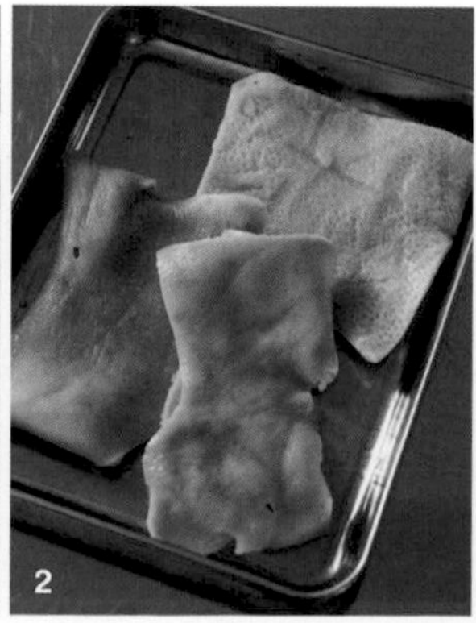
2

3

4

琉球與紅茶的茶粥

套餐之後，能清除口中殘留油脂成分的「紅茶粥」。結合在法國學習的「Riz-au-lait米布丁」和出身地奈良的「茶がゆ」所發想出的一道甜點。試作時，搭配的是英式蛋奶醬爲基底的香草冰淇淋，但日本紅茶的纖細香氣就此消失，不免「反省自己想得太簡單了」（西尾）。考量直接運用紅富貴的香氣，因此利用熱水萃取出的紅茶液來烹煮粥，併用冷泡紅茶的手法來達到效果。

［材料］

紅茶粥

白米（名護、羽地米）...50g
紅茶液A（熱水萃取）
　熱水 ...600g
　紅茶葉（金川製茶製作的紅富貴）...12g
紅茶液B（熱水還原後冷泡）
　冷水 ...600g
　紅茶葉（金川製茶製作的紅富貴）...12g

煎焙糙米

糙米（名護、羽地米）
水 ... 糙米的2倍份量

鳳梨的酸甜醬（chutney）

洋蔥（切碎）...15g
薑（磨成泥狀）...5g
辛香料（肉桂、胡椒、黑胡椒）... 適量
鳳梨（切碎）...40g
黑糖 ...4g

完成

紅葉閉鞘薑（Spiral ginger）的花 ... 適量

［製作方法］

紅茶粥

❶ 白米掏洗後用濾網瀝起。
❷ 在鍋中放入足以覆蓋①的水（份量外），煮5分鐘後再次用濾網撈出。
❸ 製作紅茶液**A**。紅茶葉放入熱水3分鐘萃取後，過濾（Ph.1）。
❹ 將②的米放入③的紅茶液中，用中火煮約20分鐘。待柔軟後，冷卻，置於冷藏室冷卻。
❺ 製作紅茶液**B**。熱水（份量外）澆淋恰好浸泡茶葉的份量，放置2分鐘後，加入冷水，置於冷藏室2小時以釋出紅茶液（Ph.2）。過濾。
❻ 供餐前，將④的紅茶粥和⑤的紅茶液**B**混拌。

煎焙糙米

❶ 洗淨糙米後用濾網瀝起。
❷ 將①放入平底鍋中，用小火烘煎。待開始發出彈跳聲之後，加水，用大火煮至水分收乾。
❸ 轉爲小火，邊晃動邊使水分完全揮發，煎至噴香。

鳳梨的酸甜醬（chutney）

❶ 洋蔥放入平底鍋中，用小火拌炒。呈現茶色後，加入薑泥，再放入辛香料拌炒。
❷ 在①加入鳳梨和黑糖，熬煮至水分收乾（Ph.3）。

完成

❶ 將紅茶粥盛放至容器內，在外側擺放少量的鳳梨酸甜醬。
❷ 將紅葉閉鞘薑花瓣一片片摘下，撕碎散放。
❸ 撒上煎焙糙米。

1

2

3

羅望子果實

泰國料理或印度料理中常見的水果－羅望子，通常是將果實做成膏醬狀，在此特意作成果實原始的形狀。羅望子果實的酸味，是用味道近似西印度櫻桃的稜果蒲桃，與番茄果凍混合的酸味來呈現，作爲餐後一口小甜點。羅望子南國風味的香氣和清新的風味，與添加在果凍中的芫荽籽、鬱金、薑等辛香料完美搭配。

[材料]

羅望子殼

羅望子（連同枝幹一起採收）…適量

番茄和稜果蒲桃的果凍

濃縮醬（方便製作的份量，使用50g）
- 番茄 …200g
- 稜果蒲桃 *1…200g
- 柑橘汁（使用厚皮柑橘カーブチー）…30g

水飴 …25g
辛香料（芫荽籽、黑胡椒、鬱金、薑粉 *2）…適量
粉狀明膠 …10g
水 …30g

*1 蒲桃科的植物，直徑2cm左右的紅色果實可供食用。
*2 在山原的田間採收的薑，經過乾燥製成的粉。

完成

羅望子枝葉 …適量

[製作方法]

羅望子殼

❶ 羅望子殼用刀上下分開，種籽連同果實一起取出（Ph.1），完成時使用。
❷ 外殼洗淨後晾乾，殼的內側爲方便剝離而預先抹油（份量外）。

番茄和稜果蒲桃的果凍

❶ 製作基底。番茄用攪拌機攪拌過濾，製作成番茄汁。
❷ 取出稜果蒲桃的種籽，連同①、柑橘汁一起放入攪拌機內攪打（不需過濾）。
❸ 將②的果汁熬煮至半量（至此都預先進行作業，保存於冷凍室）。
❹ 在鍋中放入濃縮醬、水飴、辛香料，加熱。待水飴溶化後，加入用水還原的粉狀明膠，使其溶化。

完成

❶ 將上下的羅望子殼都倒入番茄和稜果蒲桃的果凍，下方的殼放入羅望子果實（Ph.2）。在明膠凝固前閉合上下外殼（Ph.3）。因明膠份量較高，會立即凝固（Ph.4）。當天預備必要的數量，在供餐前先保存於冷藏室。
❷ 在桌上擺放羅望子枝葉。將①的羅望子殼彷彿枝椏間的果實般擺放。

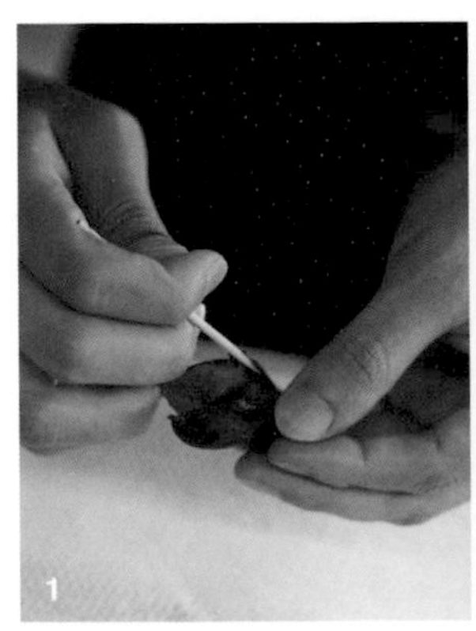
1

2

3

4

桶柑花、甘蔗的灰汁

以桶柑果汁製作出色彩鮮艷的果泥，取代繪畫工具地描繪出花朵，用甘蔗灰汁冰淇淋邊溶化邊享用地進入甜點新境界。學習沖繩傳統染色工藝「紅型染」的技法來繪製，也將琉球甜點中視爲最重要的紅色蘊藏在其中。使用在冰淇淋和醬汁上的黑糖蜜，是熬煮甘蔗汁製成的天然糖漿，不膩口並且有著宛如蜂蜜般的水果香氣。

［材料］

甘蔗灰汁的冰淇淋(glace)

牛奶 …100g
黑糖（渡久地先生的手製黑糖蜜）…20g
甘蔗灰汁（熬煮而成）…10g
鮮奶油（乳脂肪成分35%）…100g

甘蔗灰汁的酥粒

奶油 …100g
甘蔗灰汁（熬煮而成的）…60g
A
- 黑糖（渡久地先生的手製純黑糖蜜）…20g
- 鹽 …1g
- 麵粉 …100g
- 全麥粉 …20g

3色果泥(purée)

黃色／桶柑皮
橙色／桶柑果肉
綠／月桃 … 各適量

完成

黑糖蜜（渡久地先生的手製黑糖蜜）
食用紅色素
桶柑皮的粉末 … 各適量

［製作方法］

甘蔗灰汁的冰淇淋

❶ 在鍋中溫熱牛奶60°C。
❷ 黑糖蜜和甘蔗灰汁溶入①，用手持電動攪拌棒混拌均勻。
❸ 混拌鮮奶油，置於冷凍室凍結後，用食物調理機攪打至滑順（或是 Pacojet冷凍粉碎調理機製作）。

甘蔗灰汁的酥粒

❶ 將A放入食物調理機中攪拌數次，先取出。
❷ 將奶油和甘蔗灰汁放入食物調理機中攪打。
❸ 將①加入②中，粗略攪拌，用保鮮膜包覆靜置於冷藏室。
❹ 將③剝成較小的酥粒，用140°C的烤箱烘烤15分鐘。

3色果泥

❶ 製作黃色果泥。桶柑的外皮，燙煮3次，再用足以覆蓋果皮的水煮開後，用料理機攪打後過濾，熬煮至產生濃度。
❷ 製作橙色果泥。桶柑的果肉用料理機攪打後，過濾，熬煮至產生濃度。
❸ 製作黃色果泥。月桃葉和水用料理機攪打後，過濾，熬煮至產生濃度（若顏色過於暗沈時，可以用極少量的色粉來調整）。

完成

❶ 在餐盤上放置紅型染的模板（Ph.1），避免偏移地邊按壓，邊用毛刷少量逐次地刷塗3色果泥（Ph.2），風乾。首先刷塗黃色（Ph.3），依序層疊刷塗橙色、綠色。乾燥後再依顏色順序層疊刷塗。最後，中央的花蕊部分是以食用紅色素來呈現。在供餐前確實乾燥備用（Ph.4）。
❷ 餐盤中留白的部分放入甘蔗灰汁的酥粒，再擺放上以湯匙整合成橢圓狀，甘蔗灰汁的冰淇淋。
❸ 甘蔗灰汁的冰淇淋旁邊滴淋上黑糖蜜，撒上桶柑皮粉末。

VI

我的糕點論

甜點與料理的關連，在於對食材與文化的理解，

充滿魅力的糕點、在社會中的定位 ...

現在，大家追求的是什麼樣的甜點？

5位新銳糕點師心中的糕點論。

L'ARGENT

JUNICHI KATO

加藤順一

1982年出生於靜岡縣。畢業於辻調理師專門學校的法國分校，曾在東京的「Tateru Yoshino」和「Hotel de Yoshino」（和歌山）學習累積經驗，2007年遠赴法國，在「Astrance」學習。回國後，2012年前往丹麥，前後在「AOC」、「Marshall」（都位於哥本哈根）就職。2015年起擔任「Sublime」（東京・麻布十番）的主廚，2020年「L'ARGENT」（東京・銀座）開始營業的同時，就任主廚。

Q 如何開始糕點的創作？

原本就很喜歡糕點，但眞正開始進行，是因爲想學習新北歐料理（New Nordic Cuisine）而去了丹麥。當時在北歐的餐廳裡專職的糕點師很少見，大部分都是由廚師兼做甜點。我也是在當地從事廚師的工作，並負責兼做甜點，這就是我踏入糕點世界的契機。

新北歐料理（New Nordic Cuisine），在技術面上，雖然很多會採用像「El Bulli」等的分子料理法，但烹飪方法本身並沒有太多科學的意義，反而有重視自然地傾向。相對的，糕點就是我實驗的地方。利用化學上的技巧和使用新機器，做出前所未有的口感和香氣，像這樣的風潮根深蒂固。

我也深受其影響，在那之前一提到糕點，就會浮現出「法國糕點」，所以如同廚師去思考料理一樣，選擇食材、調理、組合，使北歐糕點令人耳目一新。我很喜歡它的自由發揮，現在也持續收集這方面的資訊。

這次介紹的「柑橘優格芭菲」，也是由此創作而來。現在無論哪家店，都會使用虹吸瓶製作慕斯，但我考量的出發點是，是否有可以讓慕斯更輕盈的手法？輕盈是讓其中飽含更多的空氣，那麼是否可以試著眞空加壓慕斯使其膨脹呢。膨脹的慕斯若直接放置，氣泡會消失，如果以冷凍來固定形狀，應該可以用在芭菲上吧－在這樣的考量中完成的作品。實際試作時，慕斯的體積在瓶中膨脹了3倍，也就是製作出比一般慕斯更輕盈3倍的成品。

另外，除了透過糕點讓客人感受新的體驗之外，依其特徵區隔使用凝固劑和乳化劑等，也非常重要。例如，透過虹吸瓶擠出的慕斯，以液態氮結凍後敲碎的雪花，若使用蛋白就會變成脆弱易溶解的冰粉，若加入明膠就成了保型性極佳的粉末，而「烤甜薯」中用的菊芋薄片，則是利用耐熱且常溫下也不易融化的寒天特性。寒天有不怕酸的優點，可以跟醋搭配製作酸的果凍。

Q 對你而言，所謂餐廳的甜點是什麼？

料理的持續性不被切斷，又能延續後韻的甜點最理想。

肉類料理之後，若立刻送上非常甜或酸的甜點，整套餐點的流暢度就會被打斷。我經常會使用蔬菜製作甜點，這也是有意識地考量到套餐的流暢度。略有點甜味的蔬菜－菊芋、塊根芹、南瓜等，既可以是料理，也是甜點，我的目標就是製作出這樣「中性的（neutral）」作品。

這些提供作爲前甜點（Pré-dessert），可以自然從料理轉移至甜點，而且使用了水果或巧克力的第二道甜點，魅力也會被凸顯出來。並且在開胃小點 Amuse bouche和綜合花式小點 Petit Four中反覆使用相同蔬菜，表現出玩心與樂趣，也十分討人喜歡。

在思考餐後的二道甜點與跟綜合花式小點時，覺得一盤盤地簡單較好。所以我會有意識地將構成的搭配減到最少。主要食材、最佳搭配食材、將此二者結合的喜好風味－考慮此三者的最小單位就是我的作法，例如先決定「蘋果、堅果、巴薩米可醋酸味」的組合，之後再進行細部構成。

另一方面，與重視「素材」的料理不同，甜點還有一個手工配件越多，客人會越開心的傾向，也就是追求簡潔又具複雜度的糕點。

爲了呈現複雜度，我在進行架構組合時，會以增添香氣來表現。像是「品嚐香氣」而加入玫瑰、薰衣草的花朵，或是封住烤甜薯的香氣。爲了讓客人可以確實聞嗅到香氣，在某個程度上提升溫度也是必要，因此溫熱的甜點、冷熱組合的甜點越來越多，自然地變化性也越來越廣闊。甜點讓整套餐點的餘韻持續得更長久，我想香氣與溫度的控制，也成爲考慮的重點。

—

L'ARGENT ラルジャン
東京都中央区銀座5-8-1　GINZA PLACE 7F
Tel. 03-6280-6234
http://largent.tokyo

MAISON

RIKAKO KOBAYASHI

小林里佳子

1987年出生於群馬縣。畢業於L'ecole Vantan之後，進入「Tateru Yoshino」（東京・芝）累積經驗。2010年前往法國，經歷巴黎的「Stella maris」（當時）「Agape」、「David Toutain」、「Crown Bar」、「Saturne」（全部在巴黎）的糕點主廚，作爲渥美創太先生獨棟餐廳「MAISON」開設時的創始員工，從2019年開幕時便擔任糕點主廚之職。

Q 如何開始糕點的創作？

DESSERT甜點在吃過料理後享用，這是理所當然的想法。我個人覺得料理和甜點必須自然地延續非常重要。

在我工作的巴黎「MAISON」餐廳，晚間的套餐大約是連續的10道料理，之後是2～3道的甜點。主廚也是餐廳店主－渥美創太製作的料理，纖細且重視優質食材原味，所以甜點也必須保持同樣風格，不改變料理的印象又能自然而然續接的作品。

因此，我的糕點製作發想，是像料理般來考量。例如，廚房每天都會送來各式各樣的食材，因此料理也是每天不同。需要較多事前預備作業的甜點，雖然傾向每天固定菜單，但還是與料理一樣，在開始營業之前，每天視當天送抵的食材來決定內容。

常常是由料理使用的食材中獲得靈感，進而活用在糕點製作上。肉類料理的醬汁中添加甜菜，所以製作出甜菜雪酪、試著和料理增添香氣時使用相同的香草或辛香料，再糖煮水果等。料理的盛盤方式，重覆地出現在甜點的盛盤上。相對於創太主廚的「乳鴿千層酥派 pigeon pithivier」，料理中出現的月桂枝盤飾，在栗子千層中同樣也會出現。

甜點的流程每次都不同，大多第一道甜點是爽口的水果類。此次書中介紹的紅莓果帕芙洛娃、安茹白乳酪等就是這類。第二道甜點是舒芙蕾或巧克力千層等溫熱的甜點，第三道甜點在構成時，會將第一道起司改用像是昂貝爾起司（Fourme d'Ambert）的冰淇淋，或是第二道甜點以具季節感的甜點，最後第三道是單人份的熱可可（chocolat chaud）這樣的順序。

在巴黎工作，發現法國人喜好的甜點，大多都具有華麗的外觀。這次介紹紅色水果的紅莓果帕芙洛娃等，收回餐盤時都會是吃得一乾二淨的空盤。詢問客人的感想，得到的回答是「紅綠對比非常漂亮！」，居然不是口味？（笑）。如你所見，盤中不要添加過度的元素，但記得成品一定要華麗漂亮。

Q 對你而言，所謂餐廳的甜點是什麼？

與料理共鳴，與餐食共同構成的潮流。甜點無論如何都是套餐一部分，我設定的基本形態是單一的小份量。或許有人會問「這樣的份量對法國人來說不夠吧？」，但實際上，法國人甚至其他國家的客人，也都曾告訴我這是「恰到好處的量」。最近套餐的道數增加了，因此料理結束時，其實已經十分飽足。

在吃飽後，還要再接著食用二大盤甜點，我自己都覺得實在負擔太大。但用餐最後想要吃一點甜食的心情，由這樣的心情而發展出小小單人份量的甜點。

正因爲少量，所以會以各式利口酒或辛香料、風格強烈的蜂蜜或砂糖等，突顯其存在感。像是反烤蘋果塔的蘋果利口酒（pommeau）、沙巴雍的雪莉酒、帕芙洛娃的芹菜油、洋梨焦糖烤布蕾中的洋梨利口酒，與山椒香氣。巧妙地使用這些，就能讓一道甜點頓時鮮活起來。

本店的店名「MAISON」是法文「家」的意思，其中飽含了主廚「不想要成爲太過於強調美食學（Gastronomy）的餐廳，希望是能感受到溫暖、放鬆心情的料理和環境。就像是接待家人或朋友般，想要充滿溫馨地對待每位客人」的想法。即使是甜點，都能宛如泡入溫泉般的感到舒暢有滋味。

而我自己，相對於甜點更喜歡酒（笑），更常使用在甜點中，藉著酒引出華麗深層的滋味，產生如同泡入溫泉時的感覺。

每天的營業十分忙碌，無法休息，也會在削著洋梨皮的時候晃神。但製作甜點是最快樂的事，帶著這樣的心情，面對每天的挑戰，即使困境也能夠得到啟發，那樣的瞬間最令人滿足。

—

MAISON
3 rue Saint-Hubert 75011 Paris France
Tel. +33 (0)1 43 38 61 95
https://maison-sota.com

FARO

MINEKO KATO

加藤峰子

出生於東京。學生時代前往歐洲，旅居義大利並畢業於米蘭的大學，之後進入「Vogue Italia」工作，便朝著麵包、糕點之路邁進。曾於「Il Luogo di Aimo e Nadia」（米蘭）、「Osteria Francescana」（Modena）等餐廳擔任糕點師。任職「Ristorante Enoteca Pinchiorri」（佛羅倫斯）後，於2018年歸國，同年在資生堂Parlour營運時，就職擔任餐廳「FARO」的糕點主廚。

Q | 如何開始糕點的創作？

我居住在義大利的時間較長，在就任「FARO」的糕點主廚前，都一直在米蘭工作。米蘭是個不大的城市，所以抱著憧憬之心回到長大後初次居住的東京。

大約一年之間，跑遍全國各地，步上找尋食材之旅。很感激當地遇到眞摯的生產者們，也感動於食材以及日本的飲食文化。例如，在岩手縣完全放牧、自然交配、自然分娩來飼育牛隻的なかほら（NAKAHORA）牧場。24小時365天野放的牛乳，會因季節而有不同風味的變化，飲用時也可以感受到野放的心情。想要徹底運用這樣的牛奶，因而有了牛奶盛宴般的甜點－「飄落山峰 幸福的牛奶」。

「花朵塔」使用的花草，也是令人感動的食材。在農場參觀時，田間小路邊茂密盛開的野草花朵奪目迷人，特別委請當地的朋友送來。現在每天早上都要花一個小時，整理從奈良、高知、沖繩的農家送來的野草、和洋香草以及花朵。還有農家年過80歲的婆婆，入山仔細摘採而來，可說是『日本的藥草』。

我會被這些花草樹木吸引，或許是因爲其中特殊獨特的香氣魅力。藉由嗅聞、品嚐的體驗，而萌發內心的感受，希望這個甜點無論哪個國家的人食用，都能成爲連結記憶的美味。如同這次書中的紫蘇、李子浸漬玫瑰，英式蛋奶醬中浸漬樹木枝葉添香，隨時都有「香水調合般的香氣印象」。如此調合的風景、氣氛，有點像是煮著藥草的魔女（笑）。

只是，回到日本至今，違和感日益加深。在超市買到的蔬菜和水果都無法感受其中的美味、很難找到附有生產者照片的製品 ...。離開東京，本來應該是多樣風貌的山林景色，到處看起來都一樣的不自然。曾以爲回到日本，這些唾手可得，但意外的有更多已無法獲取。

現在我所使用的食材，幾乎很多都不在市面上流通，在富足豐饒的消費社會中，居然選擇這樣的材料，我自己都覺得很有意思。

Q | 對你而言，所謂餐廳的甜點是什麼？

最重要的是對食用者身體好的東西。美食並不僅是美麗或好吃的世界，關懷環境、有助於食用者的健康、還要美味 ... 要能滿足以上條件，才是現代的美食，也是我所追求的。

「FARO」也致力於讓素食者有更多選擇，雖然午餐、晚餐都有提供素食套餐，也希望素食甜點能帶來美好的經驗。不使用雞蛋或乳製品，因此以鷹嘴豆煮汁取代蛋白製作蛋白霜，使用瓜爾豆粉作爲增稠劑。健康、美麗又好吃的甜點，是不同於以往的挑戰，讓我樂在其中。

此次介紹的「秘魯產可可雪酪」，也是因素食考量而製作。不使用具乳化劑功能的牛奶和鮮奶油來製作雪酪，就是面臨的一大挑戰，因此試著在相同作用的液體中找尋，最後利用碳酸水製作成口感輕盈得超乎想像的雪酪。也不需要製作英式蛋奶醬，食譜也非常簡單，是我非常喜歡的一道。

要創造出沒有人看過的新作品即使再困難，只要自己不斷與時俱進，必定能製作出創新的甜點。在東京，以日本飲食文化與歷史相連的資生堂「Parlor」，希望能將一些經驗傳承下去。

因此，今後仍要持續接受挑戰。供餐沒有用完的麵包、用過一次的草香莢、因環境變化而日漸稀少的日本蜂蜜、將這些食材組合起來製作甜點，就是我們改變對所有事物看法的契機，或許生活方式也會隨之變化。或許這些改變會影響日本之後的50年、甚至100年，一邊思考這樣的未來，一邊進行甜點製作。

與其說辛苦，不如說是開心的挑戰。希望讓大家都能永續欣賞美好的風景，這就是我胸懷壯志的挑戰。

—

FARO ファロ
東京都中央区銀座 8-8-3　東京銀座資生堂ビル 10F
Tel. 03-3572-3911
https://faro.shiseido.co.jp

houka

MEGUMI NISHIO

西尾萌美

1984年出生於大阪府，成長於奈良。大學畢業後，因工作而遠赴法國，在 Sébastien Dégardin 先生的糕點店工作四年。回日本後任職東京的飯店、京都的餐廳。從2016年起，在沖繩、北谷的「TIMELESS CHOCOLATE」進行製造與商品開發，2020年開始，以「萌菓 houka」之名，展開個人活動。拜訪生產者，一邊探尋沖繩的食材一邊在活動中提供甜點或糖果的販售。

Q 如何開始糕點的創作？

自然、食材、人。這些對我而言，都是糕點的創作來源。造訪田地和工坊、觀察食材結果的狀態、或觀察附近生長的植物、還有什麼樣的人用怎樣的想法去栽種 ...，我的創作靈感幾乎都是由此而來。

四年前爲了幫忙巧克力工坊創建而搬來沖繩居住，之後就一直被這個島上亞熱帶氣候孕育出極富生命力的植物所吸引。假日去探索山林或田地，因爲大自然的緣份讓我遇見了許多生產者。跟相處融洽的農家在田裡一起除雜草、喝茶等，也認識了許多只能在短期間內上市的農作物，還有些是沒有市場價值，而必須被丟棄的素材。

來到沖繩之後，認識的素材中，最讓我感興趣的就是甘蔗。因爲想在巧克力裡面使用手工黑糖而找尋素材，某天就遇上了令人驚艷的黑糖，入口即化還有甘蔗的香氣。在不斷的探詢之後，終於找到了黑糖職人渡久地克先生。他從甘蔗的栽種、收割、榨汁，一直到最後的手煮黑糖，全部都採用古法的手工作業。雖然我也幫了忙，但是在艷陽天下收割甘蔗，或待在大鍋旁吸收著熱氣的作業，是非常嚴酷的重度勞動。即使如此，他還是爲了製作黑糖而一直遵循傳統的製作方法。

這麼棒的生產者還有很多很多，爲了不撒農藥栽種而每天手除雜草，整理出樹木通風又舒適環境的番石榴農家、堅持只採自然的花蜜，在直徑4公里的島上，與蜜蜂一起生活的養蜂人家 ...，在島上看到的大自然，遇到的生產者們，讓我深受震撼，懷著尊敬及感謝心情的同時，也讓我有「這麼棒的故事，只有我知道的話眞的太可惜。是否能做成甜點放在盤子上，傳達給更多的人」的心動想法。

跟市場價值與否無關，我想無論何種素材，活用它才是人類應該做的事，因此會更注意『活用每種素材的個性，考慮其生長地』。因此，即使很花時間，但能完成甜點並呈現給大家，更近一步感受食材的魅力，都讓我由衷地感到喜悅。只要多一個人想使用，或是可以成爲拓展的契機，都是很棒的第一步，因此而持續做這些甜點。

Q 對你而言，所謂餐廳的甜點是什麼？

食用過的客人，幾年後回想時仍能記得，希望製作出能留在記憶中的甜點。

餐廳的套餐，料理道數很多，最後端出的甜點很容易被忽略。要在其中脫穎而出，增強印象的條件，光是「美味」也仍不足以被記憶。例如，本書的番石榴與假蓽拔（長胡椒）的辛辣刺激，一般會補足番石榴的甜度，添加鳳梨、荔枝、椰子等來增添香氣，可能大部分的人會覺得美味。但沒有任何特色的甜點，只會在一句「很好吃」就結束了，很難在記憶中留存。

回想自己到目前爲止吃過的餐點中，印象深刻的甜點，是一道形態簡潔但卻需要花很多時間和工夫，但有個什麼使它成爲「具記憶力」的甜點。所以我在製作甜點時，也會想著有什麼能夠加深客人記憶地進行製作。

再加上，爲了想要做出更符合當地餐廳的甜點，所在之地有什麼食材，是由誰來栽植培育，放眼周圍也是很重要的。現在的我在沖繩，世界上沒有任何一個地方比沖繩更具特色，因爲這塊土地，也正因爲有這些人才能做出來。

其實我來到沖繩一年半時，發生了意外，至今仍需要往返醫院復健。意外在身體留下後遺症，慣用手的握力幾乎全失，因此也失去了每天製作糕點的環境，但即使如此，仍然有人會找我去參加各式的活動、幫忙開發食譜、支援自然生產者們，在儘可能的範圍內持續製作甜點。今後無論在哪裡，都會持續對自己所在之處的大自然心懷感恩，同時努力用自己的方式加以宣揚。這是我不變的信念。

—

萌菓 houka
https://www.instagram.com/houka_meguminishio

〔 L'ARGENT ／加藤順一 〕

菊芋

（彩色第8頁）

（彩色第8頁）

［材料］

菊芋殼

菊芋 …10個

菊芋冰淇淋

牛奶 …250g
鮮奶油（乳脂肪成分38%）…250g
蛋黃 …75g
和三盆糖 …100g
菊芋（「菊芋殼」製作時挖出的菊芋）…200g

完成

新鮮菊芋（裝飾用）
稻桿（裝飾用）… 各適量

［製作方法］

菊芋殼

❶ 避免傷及表皮地將菊芋表面沾裹的污泥輕輕沖洗乾淨。
❷ 將烤網架在烤盤上，擺放①，以150°C、濕度100%的旋風烤箱加熱45分鐘。
❸ 取出菊芋，用熱水將表皮周邊沾黏的焦糖化糖分沖洗乾淨。
❹ 用圓挖杓挖取出③的菊芋。此時要留意避免破壞表皮。取出的菊芋備用（用於菊芋冰淇淋）。
❺ 將④的表皮整形成菊芋的球狀，用150°C的葵花油（份量外）炸香。放入食品乾燥機內使其乾燥。

菊芋冰淇淋

❶ 在鍋中放入牛奶和鮮奶油，加熱至沸騰。
❷ 在缽盆中放入蛋黃和和三盆糖，用攪拌器攪拌至呈顏色發白呈濃稠狀態。
❸ 將沸騰的①加入②混拌，再次加熱至83°C。
❹ 將菊芋放入③，用手持電動攪拌棒攪拌，以圓錐形濾網過濾。
❺ 把④放入Pacojet冷凍粉碎調理機的容器內冷凍。啟動Pacojet製作冰淇淋，放入擠花袋內。

完成

❶ 將菊芋冰淇淋擠至菊芋殼中。
❷ 盛裝在以新鮮菊芋及稻桿裝飾的餐盤中，供餐。

熊本縣產玫瑰 灰 阿蘇山

（彩色第10頁）

［材料］

玫瑰冰淇淋

牛奶 …300g
鮮奶油（乳脂肪成分38%）…250g
蛋黃 …72g
蜂蜜 …150g
糖漿* …20g
玫瑰水（大馬士革玫瑰）…15g
玫瑰花（熊本產。食用）… 少量

＊水和細砂糖以1：1的比例混合而成的糖漿。以下皆同

灰奶茶（Ash milk tea）

A
- 鮮奶油（乳脂肪成分38%）…300g
- 糖漿 …50g
- 竹炭粉 …3g
- 玫瑰水（大馬士革玫瑰）…15g

板狀明膠 …8g

玫瑰與馬斯卡邦鮮奶油

蛋黃 …106g
鮮奶油（乳脂肪成分38%）…500g
板狀明膠 …8g

A
- 馬斯卡邦起司 …500g
- 糖漿 …33g
- 玫瑰水 …23g
- 竹炭粉 …3g

完成

灰色蛋白餅 *1
醃漬玫瑰 *2
香草莢粉（請參照→165頁「蘭姆葡萄乾」）
玫瑰花（紅色、粉紅、黃色）… 各適量

＊1 添加竹炭烘烤而成的灰色蛋白霜
＊2 用等量的蘋果醋醃漬玫瑰花瓣的成品

［製作方法］

玫瑰冰淇淋

❶ 牛奶和鮮奶油混拌放入鍋中煮至沸騰。
❷ 在缽盆中放入蛋黃和蜂蜜，用攪拌器混拌至材料變濃稠。加入①混拌。
❸ 將②倒回鍋中加熱至83℃，下墊冰水使其冷卻。
❹ 待③冷卻後，加入糖漿和玫瑰水混拌。
❺ 放入 Pacojet冷凍粉碎調理機的容器內冷凍，加入冰凍的玫瑰花，啟動 Pacojet製作冰淇淋，裝入擠花袋內。
❻ 擠至蛋型矽膠模型中，再次冷凍。

灰奶茶

❶ 混合 **A**的材料於鍋中溫熱，溶化還原的板狀明膠（灰色過淺時可適度添加竹炭粉）。
❷ 避免明膠凝固地以常溫冷卻。

玫瑰與馬斯卡邦鮮奶油

❶ 在缽盆中放入蛋黃和細砂糖，摩擦般地攪拌至材料變得濃稠爲止。
❷ 將煮至沸騰的鮮奶油加入①混拌。
❸ 趁②溫熱時加入還原的板狀明膠，下墊冰水冷卻至人體肌膚的溫度。
❹ 將 **A**加入③中混拌。

完成

❶ 由模型中取出玫瑰冰淇淋，澆淋液態氮，使表面凝固。
❷ 在缽盆中注入大量液態氮，放入①，約5秒確認凍結後取出。
❸ 將②浸入灰奶茶中使表面沾裹，再次放入液態氮中使其冷卻凝固。
❹ 在餐盤中放入玫瑰和馬斯卡邦鮮奶油，擺放③的冰淇淋。
❺ 在④的周圍適度地撒上破碎的灰色蛋白餅、醃漬玫瑰、香草莢粉。
❻ 供餐前綴以液態氮凍結的碎玫瑰花瓣。

艾蒿 優格

（彩色第16頁）

［材料］

艾蒿優格雪酪

艾蒿泥* …220g
優格 …450g
細砂糖 …200g
*艾蒿燙煮後以料理機攪打製成

艾蒿雪酪粉末

艾蒿優格雪酪 … 適量

蒸艾蒿麵包的麵包粉

全蛋 …2個
糖粉 …140g
低筋麵粉 …150g
泡打粉 …8g
艾蒿泥 …120g
E.V.橄欖油 …50g

日向夏柑橘奶油醬

蛋黃 …100g
細砂糖 …70g
日向夏柑橘果汁 …100g
日向夏柑橘皮（磨碎）…4個
奶油 …40g
板狀明膠 …4片
櫻花利口酒 … 少量
鮮奶油（乳脂肪成分38%）…500g

優格粉

優格 … 適量

白脫牛奶（Buttermilk）雪花

鮮奶油（乳脂肪成分38%）…500g
白脫牛奶 …500g
糖漿 …100g

完成

鹽漬櫻花（乾燥）* … 適量
*用流動的水沖洗去的鹽漬櫻花，摘取下花瓣，用食品乾燥機乾燥完成

［製作方法］

艾蒿優格雪酪

混合全部材料，放入Pacojet冷凍粉碎調理機的專用容器內冷凍，啟動攪打3次。

艾蒿雪酪粉末

❶ 將艾蒿優格雪酪裝入虹吸瓶中，填充氣體。
❷ 把①擠至液態氮中，用攪拌器攪碎，放入食物調理機中攪打成粉末狀。

蒸艾蒿麵包的麵包粉

❶ 在缽盆中放入全蛋和糖粉混拌。
❷ 過篩低筋麵粉和打粉，加入①大動作粗略拌。
❸ 將艾蒿泥和E.V.橄欖油加入②，繼續混拌。
❹ 將③倒入20cm的磅蛋糕模型中，用蒸籠以中火蒸30分鐘。
❺ 冷卻後切成2cm厚的片狀，用食品乾燥機確實乾燥。
❻ 用料理機攪打成粉狀。

日向夏柑橘奶油醬

❶ 在缽盆中放入蛋黃和細砂糖，用攪拌器混拌至濃稠狀。
❷ 在鍋中放入日向夏柑橘汁和橘皮碎加熱，煮至沸騰。
❸ 將②加入①混拌，移回鍋中加熱至83℃。
❹ 趁③溫熱時加入奶油和還原的板狀明膠，混拌。
❺ 待④冷卻至常溫後，加入櫻花利口酒和七分打發的鮮奶油，大動作粗略混拌。

優格粉

❶ 優格放入鍋中，以小火加熱，避免燒焦地不斷混拌並持續續加熱4小時。
❷ 待優格水分完全揮發，乳脂肪成分變成焦糖狀後，離火降溫。
❸ 倒至矽膠墊上，攤開使其平整。置於食品乾燥機中一夜，使其乾燥。
❹ 以料理機攪打成粉狀。

白脫牛奶雪花

❶ 材料放入鍋中煮至沸騰，用手持電動攪拌棒攪拌使其乳化。
❷ 將①裝入虹吸瓶中，填充氣體，冷藏。
❸ 液態氮倒人缽盆中，擠入②，用攪拌器攪打至粉碎的粉末狀。

完成

❶ 在盤中舖放日向夏柑橘奶油醬，擺放艾蒿優格雪酪，撒上蒸艾蒿麵包的麵包屑。
❷ 呈迷彩狀地撒上艾蒿冰淇淋粉、優格粉、白脫牛奶雪花。
❸ 撒上鹽漬櫻花瓣（乾燥）。

初戀青蘋果

（彩色第18頁）

［材料］

蘋果盅

蘋果（初戀青蘋果品種*）…2個
檸檬汁…15g

* Granny Smith和REI8（東光和紅玉混合種）混出的青森蘋果品種。表皮呈綠色，形狀略小，特徵是酸味和糖度都很高，就像是初戀般的酸甜滋味

蘋果慕斯

蘋果（初戀青蘋果）…2個
蘋果果肉（挖出的果肉）…適量
板狀明膠…1片
鮮奶油（乳脂肪成分38%）…50g

蘋果和香草的冰砂

蘋果汁（請參照「蘋果慕斯」作法）…200g
酸模（Sorrel）…50g
檸檬百里香…10g
紫花酢醬草…10g
糖漿…50g

完成

蘋果盅蓋
檸檬百里香…各適量

［製作方法］

蘋果盅

❶ 切去蘋果上端的1/4（切下的上端作爲盅蓋，完成時使用）。
❷ 用裝上直徑4cm圓形配件的電動鑽頭，挖去蘋果芯和果肉，作爲容器。挖下的果肉用於製作慕斯。
❸ 在②蘋果盅上淋檸檬汁（防止變色），並保存於冷凍室。

蘋果慕斯

❶ 削除果皮去掉種籽，切成一口大小。與製作「蘋果盅」時挖出的果肉一起放入袋內，眞空包妥。
❷ 用微波爐加熱①至蘋果果肉變軟熟透。
❸ 以圓錐形濾網過濾②，分成果肉和果汁，果汁預留用於冰砂。
❹ 趁③的果肉溫熱時，加入還原的板狀明膠，用料理機打成滑順的果泥，以圓錐形濾網過濾，冷卻。
❺ 將④與六分打發的鮮奶油混合，做成慕斯。

蘋果和香草的冰砂

❶ 全部的材料放入料理機攪打，用圓錐形濾網過濾。
❷ 將①裝入虹吸瓶，填充氣體冷卻備用。
❸ 在缽盆中放入液態氮，將②擠入，凝固後以攪拌器攪碎。
❹ 將③放入食物調理機中攪打至成爲砂礫狀，置於冷凍室保存。

完成

❶ 在容器中舖放碎冰，擺放蘋果盅固定。
❷ 將蘋果慕斯擠入蘋果盅至一半的高度。
❸ 盛放蘋果和香草的冰砂，飾以檸檬百里香，蓋上蘋果盅蓋供餐。

薄荷巧克力

（彩色第20頁）

［材料］

巧克力英式蛋奶醬

蛋黃 ….150g
細砂糖 …50g
牛奶 …500g
鮮奶油（乳脂肪成分38%）…200g
白巧克力（可可成分35%。Valrhona的Ivoire）…350g

薄荷泥

留蘭香 *…100g
水 …240g
細砂糖 …50g
板狀明膠 …5g

＊留蘭香 Hierbabuena（spearmint）薄荷的同類，青綠芳香是其特徵。因爲常被用於莫希托 Mojito 雞尾酒，也被稱爲莫希托薄荷。

巧克力的金平糖

細砂糖 …250g
水 …230g
白巧克力（可可成分35%。Valrhona的Ivoire）…150g

完成

洋梨 … 適量

［製作方法］

巧克力英式蛋奶醬

❶ 缽盆中放入雞蛋和細砂糖混合，以手持電動攪拌器混拌至濃稠狀。
❷ 煮沸牛奶，加入①混拌，移至鍋中，加熱至83℃。過濾。
❸ 白巧克力放入缽盆中，加入煮至沸騰的鮮奶油，用手持電動攪拌棒混拌，使其乳化。
❹ 趁②和③溫熱時，以相同溫度的狀態混合，以緩慢的速度混合拌勻。下墊冰水冷卻，在完全凝固前倒入供餐時用的餐盤，置於冷藏室冷卻凝固。

薄荷泥

❶ 燙煮留蘭香1分鐘，沖洗冰水冷卻後，擰乾水分，除去堅硬的莖部。
❷ 水和細砂糖混合，加熱至50℃，加入還原的板狀明膠，置於常溫中冷卻。
❸ 用料理機攪打①和②約5分鐘，過濾。
❹ 用噴槍在液體表面略略加熱，以消除氣泡。

巧克力的金平糖

❶ 細砂糖和水混合，加熱至150℃。
❷ 白巧克力放入缽盆中，隔水加熱使其融化。
❸ 將②放入直立式攪拌機內。邊用葉狀攪拌槳邊攪拌，邊少量逐次加入①的熱糖漿。糖漿和巧克力混合後，漸漸會結晶化，因此必須持續以高速攪拌至變成細粉末狀（因爲糖很硬，有可能會損壞塑膠攪拌槳，請使用不鏽鋼攪拌槳）。

完成

❶ 在注入巧克力英式蛋奶醬且冷卻凝固的餐盤中，薄薄地倒入薄荷泥，再次置於冷藏室冷卻凝固。
❷ 擺放巧克力的金平糖和切成5mm塊狀的洋梨。

薰衣草

（彩色第22頁）

［材料］

薰衣草馬斯卡邦起司

蛋黃 …110g
細砂糖 …145g
鮮奶油（乳脂肪成分38%）…500g
乾燥薰衣草 …10g
板狀明膠 …8g
馬斯卡邦起司 …500g
薰衣草糖漿 …35g
紫色色粉 …適量

薰衣草冰淇淋

蛋黃 …75g
蜂蜜 …150g
牛奶 …300g
鮮奶油（乳脂肪成分38%）…250g
乾燥薰衣草 …10g
薰衣草糖漿 …20g

薰衣草醋圓片

鮮奶油（乳脂肪成分38%）…500g
A
- 糖粉 …40g
- 鹽 …2g
- 薰衣草醋* …70g

板狀明膠 …3片
*在蘋果醋1L中放入乾燥薰衣草100g，至少浸漬一週的成品

糖煮藍莓

細砂糖 …50g
奶油 …10g
藍莓 …20粒
薰衣草醋 …20g

完成

三色堇 …適量

［製作方法］

薰衣草馬斯卡邦奶油

❶ 在缽盆中放入蛋黃和細砂糖，用手持電動攪拌器攪拌至濃稠狀。
❷ 在鍋中放入奶油加熱至沸騰，放入乾燥薰衣草，熄火，浸泡10分鐘。過濾。
❸ 加熱使②再次沸騰，加入①混拌，移至鍋中，加熱至83℃。
❹ 趁③溫熱時，放入還原的板狀明膠和馬斯卡邦起司混拌。鍋子下墊冰水冷卻。
❺ 混拌入薰衣草糖漿和紫色的色粉。

薰衣草冰淇淋

❶ 在缽盆中放入蛋黃和蜂蜜，用手持電動攪拌器攪拌至濃稠狀。
❷ 在鍋中放入牛奶和鮮奶油煮至沸騰。加入乾燥薰衣草，熄火，浸泡10分鐘。過濾。
❸ 將②再移回鍋中加熱至沸騰，加入①中混拌。再次移至鍋中，加熱至83℃。
❹ 使③冷卻至常溫，加入薰衣草糖漿，放入Pacojet冷凍粉碎調理機的專用容器內冷凍。供餐前才啟動Pacojet製作。

薰衣草醋圓片

❶ 鮮奶油打發至七分打發。
❷ 在鍋中放入**A**加熱至50℃，放入還原的板狀明膠使其溶化。鍋子下墊冰水使其冷卻。
❸ 少量逐次地將②加入①當中混拌。
❹ 倒至矽膠墊上，推展成3mm厚。冷凍。
❺ 用直徑10cm的圈模將冷凍的④按壓切出形狀，再次冷凍保存。

糖煮藍莓

❶ 在鍋中放入細砂糖和奶油，用大火加熱，使其糖焦化。
❷ 離火，加入藍莓和薰衣草醋，中止焦糖化。
❸ 將②加熱約30秒，藍莓受熱，鍋子下墊冰水使其冷卻。

完成

❶ 在餐盤中央，倒入薰衣草馬斯卡邦起司約直徑10cm的圓形，再擺放薰衣草冰淇淋。
❷ 冰淇淋周圍盛放糖煮藍莓，最後宛如覆蓋全體般地擺上薰衣草醋圓片。
❸ 用三色堇裝飾

安茹白乳酪

Crème d'Anjou

（彩色第46頁）

［材料］

安茹白乳酪

白乳酪 …300g
香緹鮮奶油
- 鮮奶油（乳脂肪成分38%）…250g
- 砂糖 …100g

羅勒粗粒冰沙

羅勒 …35g
英式蛋奶醬
- 牛奶 …500g
- 香草莢 …1根
- 蛋黃 …70g
- 砂糖 …93g
- 葡萄糖 …40g

羅勒油

羅勒 …50g（燙煮後）
E.V.橄欖油 …500g

椰奶冰淇淋

椰奶 …600g
砂糖 …150g
粉狀水飴 …60g
安定劑（super enutrose）…7g

格子薄餅甜筒

貓舌餅麵團 *
柳橙皮 … 各適量
＊奶油、砂糖、蛋白、麵粉（T45）全部各等量混合的麵團

異國風醃漬水果

水果類（維多利亞女王鳳梨、芒果、血橙、百香果、金桔等）
萊姆皮
E.V.橄欖油 … 各適量

完成

百香果 …適量

［製作方法］

安茹白乳酪

❶ 鮮奶油和砂糖混合攪拌，製作香緹鮮奶油。
❷ 將①和白乳酪混合，用布巾包覆靜置半天以瀝乾水分。
❸ 填入擠花袋內。

羅勒粗粒冰沙

❶ 羅勒去莖，葉片用熱水燙煮30秒。取出後過冰水，瀝去水分。
❷ 製作英式蛋奶醬（請參照→178頁「翻轉蘋果塔」的香草冰淇淋）。
❸ 待②的英式蛋奶醬冷卻後，與①的羅勒一起用料理機攪打，做成慕斯。過濾。
❹ 將③裝進虹吸瓶中，充填氣體。
❺ 在缽盆中注入液態氮，擠入④的慕斯，用攪拌器攪碎成適當大小後，用網篩過濾備用。

羅勒油

❶ 羅勒去莖，葉片用熱水燙煮30秒。取出後過冰水，瀝去水分。
❷ 將①的羅勒和E.V.橄欖油放入攪拌機，攪拌至羅勒的風味和顏色都移轉至油脂中，以布巾過濾。

椰奶冰淇淋

❶ 將全部材料放入鍋中，煮至沸騰。
❷ 放入Pacojet冷凍粉碎調理機專用容器內冷凍，啟動Pacojet製作。

格子薄餅甜筒

❶ 在貓舌餅麵團中放入柳橙皮，混拌。裝入擠花袋內。
❷ 將①的麵團擠至預熱好的格子薄餅機內，用抹刀將麵團極薄地攤平後烘烤。
❸ 待散發香氣，產生烘烤色澤後，切除邊緣不整齊的部分。將薄餅切成三角形，用手捲成甜筒狀。

異國風醃漬水果

❶ 鳳梨和芒果切成一口食用的大小。去皮取出血橙的果肉。金桔切成薄片。
❷ 將①放入缽盆中混合，用萊姆皮和橄欖油混拌。

完成

❶ 在玻璃杯中注入羅勒油，擠入安茹白乳酪。
❷ 放入椰奶冰淇淋，再擠上安茹白乳酪。
❸ 盛放百香果實和果汁、異國風醃漬水果、羅勒粗粒冰沙。
❹ 用格子薄餅甜筒裝飾。

紅莓果帕芙洛娃

Pavlova fruits rouges

(彩色第48頁)

[材料]

蛋白餅

蛋白…100g
砂糖…80g
糖粉…100g

荔枝和覆盆子的內餡

卡士達醬
- 牛奶…225g
- 香草莢…1/2根
- 蛋黃…50g
- 砂糖…50g
- 麵粉(T45)…10g
- 玉米粉…10g

鮮奶油(乳脂肪成分38%)…60g
覆盆子白蘭地(Eau-de-Vie)…10g
荔枝利口酒…10g

甜菜汁

甜菜…適量

芹菜油

芹菜葉…50g(燙煮後)
E.V.橄欖油…500g

完成

紅色水果(覆盆子、藍莓、桑葚、石榴)
大花三色堇花瓣
小地榆 pimprenelle(salad burnet沙拉地榆)
…各適量

[製作方法]

蛋白餅

❶ 蛋白中加入1小撮砂糖，用攪拌機攪打。
❷ 其餘的砂糖分3次加入並持續打發，製作成略硬的蛋白霜。
❸ 加入糖粉，用刮杓大動作混拌。放入裝有星形擠花嘴的擠花袋內。
❹ 在矽膠墊上將③擠成6條並排，長8cm的條狀，形成長方形。長方形邊緣再次用③擠出裝飾擠花。
❺ 用80°C的烤箱加熱3小時。

荔枝和覆盆子的奶油餡

❶ 製作卡士達醬，冷卻備用(請參照→178頁「翻轉蘋果塔」)。
❷ 邊將①攪散邊加入鮮奶油、覆盆子白蘭地、荔枝利口酒，混拌。放入擠花袋內備用。

甜菜汁

❶ 削去甜菜表皮，切成適當大小，用果汁機攪打。
❷ 由①中取得的汁液，放入鍋中，邊仔細地撈除浮渣邊熬煮出濃度。

芹菜油

❶ 芹菜去莖，葉片用熱水燙煮約30秒。取出後過冰水，再瀝去水分。
❷ 將①的芹菜和E.V.橄欖油放入攪拌機，攪打至芹菜的風味和顏色都移轉至油脂中，以布巾過濾。

完成

❶ 將烤好的蛋白餅置於餐盤，中央凹槽處擠上荔枝和覆盆子的奶油餡。
❷ 擺放紅色莓果。
❸ 用甜菜汁劃出線條，淋上芹菜油。
❹ 撒上大花三色堇和小地榆。

甜菜雪酪　奇異果

Sorbet betterave, kiwi

（彩色第50頁）

［材料］

甜菜雪酪

甜菜…250g（完成烘烤的狀態）

雪酪基底

- 水…330g
- 粉狀水飴…40g
- 砂糖…100g
- 安定劑（super enutrose）…4g

冷杉風味醋*…適量

＊冷杉花苞和樹蜜發酵而成的醋
vinaigre de sapin

奇異果沙拉

奇異果

薄荷（切成細絲 julienne）

E.V.橄欖油

檸檬汁…各適量

完成

E.V.橄欖油

蛋白餅（請參照→181頁「紅莓果帕芙洛娃」）

黑醋栗香甜酒 crème de cassis

（Joseph Cartron牌）…各適量

［製作方法］

甜菜雪酪

❶ 稻桿包覆整顆甜菜，外層再用鋁箔紙包妥，用175℃的烤箱烘烤約30分鐘（刀子可以輕易刺入的程度，就是完成烘烤的標準）。

❷ 將①的甜菜削去表皮，切成適當的大小。

❸ 在鍋中放入雪酪基底材料煮至沸騰後，冷卻

❹ 將②和③一起用料理機攪打，添加冷杉風味醋調整風味，保留部分作爲醬汁使用。

❺ 將④放入 Pacojet 冷凍粉碎調理機專用容器內冷凍，啟動 Pacojet 製作。

奇異果沙拉

❶ 奇異果去皮切成圓片，用花型切模按壓成方便食用的大小。

❷ 將①與其他材料混拌，作成沙拉。

完成

❶ 在容器中排放奇異果沙拉，倒入 E.V.橄欖油。

❷ 盛放甜菜雪酪，擺上烤好的小型蛋白餅。

❸ 保留備用的甜菜雪酪基底、黑醋栗和甜酒，作成醬汁。供餐時在桌邊再淋上。

沙巴雍 稻桿香氣冰淇淋

Sabayon, glace foin

（彩色第52頁）

［材料］

稻桿香氣冰淇淋

稻桿香氣的英式奶蛋液

- 稻桿…50g（烤過狀態）
- 牛奶…1L
- 蛋黃…120g
- 砂糖…160g
- 葡萄糖…80g

鮮奶油（乳脂肪成分38%）…300g

沙巴雍（sabayon）

蛋黃…7個
全蛋…4個
奶油（融化）…50g
砂糖…95g
雪莉酒醋…100g

白巧克力瓦片

白巧克力（乳脂肪成分35%。MAISON CACAO公司的NUBE35）…200g
葡萄糖…200g
翻醣…250g

完成

杏仁沙布列酥餅（請參照→178頁「翻轉蘋果塔」）…適量

［製作方法］

稻桿香氣冰淇淋

❶ 製作稻桿香氣的英式蛋奶液。稻桿用180℃的烤箱烘烤約20分鐘後，浸泡在牛奶中。浸漬約半天使香氣移轉，過濾。
❷ 用①的牛奶和其他材料製作英式蛋奶液（請參照→178頁「翻轉蘋果塔」的香草冰淇淋）。
❸ 在②的英式蛋奶醬中加入鮮奶油混拌。
❹ 放入Pacojet冷凍粉碎調理機專用容器內冷凍，啟動Pacojet。

沙巴雍

❶ 全部的材料放入攪拌機中，混拌。過濾。
❷ 將①放入缽盆中，邊隔水加熱邊用攪拌器攪拌。
❸ 裝進虹吸瓶中，充填氣體。連同虹吸瓶隔水加熱溫熱備用。

白巧克力瓦片

❶ 白巧克力隔水加熱使其融化。
❷ 將葡萄糖和翻醣放入鍋中，邊混拌邊加熱至160℃。
❸ 在②中加入①混拌至乳化。
❹ 將③倒至矽膠墊上，用另一片矽膠墊夾起攤平，以160℃的烤箱溫熱約5分鐘。
❺ 將④取出，用擀麵棍擀壓成薄片，用雙手拉開成個人喜好的立體狀，置於常溫中使其乾燥。

完成

❶ 將沙巴雍擠在餐盤中，搭配敲碎的杏仁沙布列酥餅。
❷ 盛放稻桿香氣冰淇淋，再擺放白巧克力瓦片。

栗子千層

Feuilleté de châtaigne

（彩色第58頁）

［材料］

千層酥皮

A
- 麵粉（T45）…300g
- 麵粉（T65）…300g
- 奶油 …60g

B
- 水 …300g
- 鹽 …15g
- 雪莉酒醋 …15g

奶油 …450g

杏仁奶油餡

奶油 …100g
砂糖 …100g
全蛋 …100g
杏仁粉 …90g
麵粉（T45）…10g
香草莢粉 …適量

栗子千層的組合與烘烤

千層酥皮
杏仁奶油餡
糖漬栗子
蛋液 … 各適量

月桂葉慕斯

英式蛋奶醬
- 牛奶 …500g
- 香草莢 …1根
- 蛋黃 …70g
- 砂糖 …93g
- 玉米粉 …40g

月桂葉 …6片
鮮奶油（乳脂肪成分38%）…150g

橄欖油冰淇淋

牛奶 …500g
水飴 …150g
砂糖 …50g
E.V. 橄欖油 …100g
葡萄柚汁（白）…20g

完成

月桂葉
月桂油 *1
糖漬葡萄柚皮（confit）*2

＊1 葡萄籽油500g和新鮮月桂葉10片，用料理機攪打，過濾完成
＊2 葡萄柚皮用葡萄柚汁、砂糖、蜂蜜一起熬煮完成

［製作方法］

千層酥皮

❶ 過篩 **A**的粉類，與奶油混拌，成爲成爲鬆散砂礫狀態（sablage）。
❷ 混合 **B**的材料，加入①，混拌至材料整合成團。包覆保鮮膜，靜置於冷藏室備用。
❸ 擀壓②的麵團，夾入奶油。重覆進行二次3折疊的作業，靜置於冷藏室。

杏仁奶油餡

❶ 在軟化成膏狀的奶油中添加砂糖，並用攪拌器混拌。
❷ 加入攪散的全蛋液，用攪拌器混拌。
❸ 放進過篩的杏仁粉、麵粉和香草莢粉，用橡皮刮杓混拌。

栗子千層的組合與烘烤

❶ 將千層酥皮麵團擀壓成2mm的厚度，擺放杏仁奶油餡和攪散成適當大小的糖漬栗子。
❷ 在上面覆蓋另一片擀薄的千層麵團，四周壓緊，用直徑4.5cm的花形模切出形狀。
❸ 將②翻面，在平整的表面刷塗蛋液，用刀子劃出格狀紋路。
❹ 用220°C的烤箱，烘烤 10～12分鐘。膨脹起來後疊放烤盤，避免過度膨脹地邊重壓邊烘烤。

月桂葉慕斯

❶ 製作英式奶油醬（請參照178頁「翻轉蘋果塔」的香草冰淇淋）。
❷ 在①完成加熱時，放入月桂葉浸漬5分鐘。
❸ 將②連同月桂葉一起用攪拌機混拌，攪拌至產生月桂葉的顏色和味道。過濾。
❹ 在③中加入鮮奶油混拌。
❺ 裝入虹吸瓶中，填充氣體。冷卻備用。

橄欖油冰淇淋

❶ 在鍋中放入牛奶加熱，溶化砂糖和水飴。
❷ 在①中少量逐次地加入 E.V. 橄欖油，用bamix攪打至乳化。
❸ 添加葡萄柚汁。
❹ 將③放入 Pacojet冷凍粉碎調理機專用容器內冷凍。啟動 Pacojet製作。

完成

❶ 在餐盤中央凹陷處倒入月桂油，擠入月桂葉慕斯。盛入橄欖油冰淇淋，擺放糖漬葡萄柚皮。
❷ 在餐盤邊緣放月桂葉與2個栗子千層。

黑糖舒芙蕾

Soufflée sucre noir

（彩色第60頁）

［材料］

黑糖舒芙蕾（3盤）

黑糖卡士達 …50g
蛋白 …50g
黑糖 …15g
奶油
砂糖 … 各適量

黑糖卡士達

牛奶 …250g
蛋黃 …40g
黑糖 …50g
麵粉（T55）…35g
奶油 …20g

焦糖香蕉

砂糖
奶油
香蕉
蘭姆酒 … 各適量

完成

糖粉
檸檬百里香
鮮奶油（乳脂肪成分38%）… 各適量

［製作方法］

黑糖舒芙蕾

❶ 在湯盤內側刷塗奶油，撒上砂糖。
❷ 混拌蛋白與黑糖，確實打發成蛋白霜。
❸ 在黑糖卡士達（後述）溫熱狀態下，分3次加入②混拌。
❹ 將③倒入①的餐盤凹槽中約8分滿，輕敲容器底部平整麵糊表面。
❺ 用200°C烤箱，以弱的旋風烘烤約5分鐘。

黑糖卡士達

❶ 牛奶煮至沸騰。
❷ 在缽盆中放入蛋黃攪散，加入黑糖混拌，放入完成過篩的麵粉，加入①混拌。
❸ 將②放入鍋中，用刮杓不斷地加熱並混拌至產生光澤，加入奶油使其溶化。
❹ 將③倒至方型淺盤中，下墊冰水急速冷卻，冷卻後再混拌至滑順狀。

焦糖香蕉

❶ 在平底鍋加熱砂糖，使其焦糖化。
❷ 加入奶油溶化，放入去皮切成1cm厚的香蕉片。
❸ 待香蕉沾裹焦糖後，加入蘭姆酒使其焰燒（flamber）。

完成

❶ 在黑糖舒芙蕾表面篩上糖粉，搭配3片焦糖香蕉，在香蕉上點綴檸檬百里香。
❷ 另外附上鮮奶油，建議澆淋在舒芙蕾上食用。

吉野葛粉的杏仁雪酪 紫蘇香

（彩色第68頁）

［材料］

吉野葛杏仁雪酪

A
- 杏仁膏（西西里產[*1]）…500g
- 水…2L
- 葛粉（吉野本葛）…60g

B
- （相對於1L的**A**，**B**使用400g）
- 水飴…650g
- 水…2.47L
- 甜菜糖…1.8kg
- 瓜爾豆粉（Guar）[*2]…30g

＊1 西西里諾托（Nuòtu）產的原生種杏仁果製成膏狀使用，香氣豐富
＊2 豆科的植物 cluster bean（瓜爾豆）乾燥後製成的粉末，被作爲增稠劑

杏仁薄片

杏仁膏（西西里產）…250g
水…1L
葛粉…適量

紫蘇玫瑰醬汁

紅紫蘇…500g
水…5L
檸檬酸…1大匙
檸檬皮…2個
萊姆皮…2個
覆盆子…200g
玫瑰花（乾燥）…40g
杉枝（帶果實的）…20g
羅勒…50g
新鮮玫瑰花（橫田園藝・伊芙伯爵 Yves Piaget 品種）…10朵
葛粉（吉野本葛）…適量

糖漬麝香葡萄

葡萄（麝香葡萄）
接骨木花糖漿
羅勒…各適量

紫蘇脆片（croustillant）

紫蘇、糖漿…各適量

完成

青紫蘇酥粒[*1]
糖漬麝香葡萄[*2]…各適量

＊1 189頁「飄落山峰 幸福的牛奶」中的酥粒，不使用白巧克力，添加切碎的青紫蘇，烘烤而成
＊2 麝香葡萄對半分切，連同羅勒一起浸漬在接骨木花糖漿中

［製作方法］

吉野葛杏仁雪酪

❶ 將**B**放入鍋中煮至沸騰，製作糖漿。冷卻備用。
❷ 用美善品多功能料理機（Thermomix）攪打杏仁膏和水，以45°C加熱並攪拌。待全體乳化後，放入袋中眞空，靜置於冷藏室2～3天。
❸ 用水（份量外）溶化葛粉，過濾，隔水加熱至產生濃稠。
❹ 相對於1L的③，添加400g的①，用手持電動攪拌棒攪打至乳化。
❺ 放入Pacojet冷凍粉碎調理機專用容器內冷凍。供餐前啟動Pacojet製作。

杏仁薄片

❶ 用美善品多功能料理機（Thermomix）攪打杏仁膏和水，以45°C加熱並攪拌。
❷ 待①完全乳化後，放入袋中眞空，靜置於冷藏室2～3天。
❸ 過濾②，溶化葛粉，以抹刀推展成1mm厚，冷卻凝固。用直徑10cm的圈模切出片狀。

紫蘇玫瑰醬汁

❶ 在鍋中煮沸熱水，放入大量紅紫蘇和檸檬酸。紫蘇的紫紅色釋出至熱水爲止，約燙煮3分鐘。
❷ 在①中加入檸檬皮、萊姆皮、覆盆子、玫瑰花（乾燥）、杉枝、羅勒、新鮮玫瑰花，熄火。放入袋中眞空，靜置於冷藏室一夜。
❸ 過濾②，加入溶於水中的葛粉，隔水加熱至產生濃稠。

紫蘇脆片

❶ 紫蘇和糖漿裝入袋內眞空靜置1小時。
❷ 放在矽膠墊上，以160°C烤箱烘烤12分鐘。

完成

❶ 在餐盤中放置紫蘇酥粒和糖漬麝香葡萄，擺放吉野葛杏仁雪酪。
❷ 覆蓋杏仁薄片，擺放紫蘇脆片。
❸ 另外附上紫蘇玫瑰醬汁，供餐時在桌邊澆淋。

秘魯產可可雪酪

（彩色第70頁）

（彩色第70頁）

關於盤皿

是從片口酒壺聯想到的餐盤。焦茶色的輪廓，就像是一筆筆繪上的成品。不規則茶色流動的線條，更能感受到巧克力的世界。

協助：大橋洋食器

［材料］

巧克力雪酪

覆蓋巧克力（可可成分75%，Domori公司的 Apurimac）…450g
可可粉 …60g
碳酸水 …1L
甜菜糖 …200g
蜂蜜 …50g
可可果肉（若有的話）… 適量

糖漬巨峰葡萄

葡萄（巨峰）
玫瑰水（大馬士革玫瑰）
羅勒葉 … 各適量

葉形脆片

鴨跖草葉片
當歸葉片
紫蘇
糖漿 … 各適量

完成

巧克力酥粒*

*189頁「飄落山峰 幸福的牛奶」中的酥粒，不使用白巧克力，而以調溫過的黑巧克力覆淋，再裹上可可粉

［製作方法］

巧克力雪酪

❶ 在鍋中放入碳酸水，加入甜菜糖和蜂蜜。
❷ 將①溫熱至55～60°C，使砂糖和蜂蜜完全溶化。
❸ 在容器內放入切碎的覆蓋巧克力，將②倒入。
❹ 用手持電動料理機攪打，與覆蓋巧克力融合。
❺ 在④中放入可可果肉，裝入 Pacojet冷凍粉碎調理機專用容器內冷凍。供餐前再啟動 Pacojet製作。

糖漬巨峰葡萄

巨峰葡萄對半分切，連同羅勒一起浸漬在玫瑰水中。

葉形脆片

❶ 將材料放入袋中，真空靜置1小時。
❷ 放在矽膠墊上，用160°C烤箱烘烤12分鐘。

完成

❶ 在餐盤中放置糖漬巨峰葡萄和巧克力酥粒，放上巧克力雪酪。
❷ 加上葉形脆片。

蜂與花之和

（彩色第72頁）

關於盤皿
新潟縣佐渡的手作器皿。爲了能呈現表面的光滑，用手工細細打磨製成。柔和的乳白色，溫和沈穩地包覆著呈現淡淡色澤的蜂蜜甜點。
協助：大橋洋食器

［材料］

蜂蜜冰淇淋

牛奶（岩手縣 Nakahora牧場的完全放牧牛乳／以下相同）…1L
香草莢（馬達加斯加產）…1根
香草莢（大溪地產）…1根
檸檬皮（磨成泥狀）…1個
蛋黃…160g　甜菜糖…20g
奶粉…50g
瓜爾豆粉（guar gum powder）…9g
蜂蜜（日本蜜蜂的蜂蜜）…250g
奶油 ..75g　鹽…少量
板狀明膠…7g　鮮奶油…100g

蜂蜜泡沫（Espuma）

鮮奶油…820g　牛奶…360g
蜂蜜（日本蜜蜂的蜂蜜）…60g
甜菜糖…90g　洋甘菊…15g
檸檬皮…2個　番紅花…少量

蜂蜜果凍

蜂蜜…100g　水…30g
玫瑰水（大馬士革玫瑰）…40g
寒天（伊那寒天）…5g　萊姆果汁…30g
冷壓白芝麻油…適量

奶酪（panna cotta）

牛奶…375g　鮮奶油…375g
甜菜糖…75g　番紅花…2g
洋甘菊…45g
粉狀寒天（愛爾蘭苔蘚萃取物 Irish moss extract）…12g

蜂蜜糖

甜菜糖
蜂蜜（日本蜜蜂的蜂蜜）
水…各適量

優格醬

優格（Nakahora牧場原味優格飲）…500g
萊姆皮…2個
玫瑰水（大馬士革玫瑰）…50g

完成

檸檬香蜂草
酥粒＊
蜂蜜檸檬和白巧克力乳化的醬（mayonnaise cream）…各適量
＊以蜂蜜粉揉和的麵團烘烤後，再撒上蜂蜜粉製成

［製作方法］

蜂蜜冰淇淋

❶ 牛奶中加入香草莢和香草籽、檸檬皮，加熱至即將沸騰。
❷ 在缽盆中放入蛋黃攪散，少量逐次地加入甜菜糖、奶粉、瓜爾豆粉，磨擦般混拌至顏色發白。
❸ 將①加入②中混拌。
❹ 移至鍋中，加入蜂蜜、融化奶油、鹽，邊攪拌邊用小火加熱，加入還原的板狀明膠。待產生稠度後，離火，過濾。冷卻備用。
❺ 在打發鮮奶油中加入④，混合拌勻。
❻ 裝入 Pacojet冷凍粉碎調理機專用容器內冷凍，供餐前再啟動 Pacojet製作。

蜂蜜泡沫

❶ 混合鮮奶油和牛奶加溫，溶化蜂蜜和甜菜糖。
❷ 添加洋甘菊、檸檬皮、番紅花，裝入袋中使其眞空。靜置於冷藏室2天。
❸ 將②裝進虹吸瓶中，充填氣體，保存在冷藏室半天。

蜂蜜果凍

❶ 在鍋中放入蜂蜜、水、玫瑰水、寒天粉，混拌。
❷ 加熱①至沸騰，煮溶寒天。熄火，擠入萊姆果汁，冷卻備用。
❸ 用滴管吸取②，滴入裝滿冷壓白芝麻油的容器內，一滴滴地滴落。
❹ 油脂中，果凍會凝固成顆粒狀，撈出之後用水沖洗。冷藏保存。

奶酪

❶ 混合牛奶、鮮奶油、甜菜糖加熱。
❷ 在①中添加番紅花、洋甘菊、還原的粉狀寒天，混拌。
❸ 稍加浸漬後，過濾，倒入直徑5cm的果凍模中冷卻凝固。

蜂蜜糖

混合所有的材料，加溫至170°C。邊使材料飽含空氣，邊進行攪拌，形成緞帶狀的質地。

優格醬

❶ 將萊姆皮磨碎至優格中，靜置半天。
❷ 過濾①，加入玫瑰水。

完成

❶ 餐盤內盛放奶酪和酥粒，放檸檬香蜂草。
❷ 擠上蜂蜜檸檬和白巧克力乳化的醬（省略說明），搭配蜂蜜果凍，將蜂蜜泡沫擠在奶酪上。
❸ 盛放蜂蜜冰淇淋，佐以蜂蜜糖。
❹ 另外附上優格醬汁，在桌邊澆淋供餐。

每天的麵包

(彩色第74頁)

關於盤皿
經手信樂燒的菱三陶園，小川公男先生的作品。完成的金黃色器皿與麵包的烘烤色澤十分契合。協助：菱三陶園

[材料]

麵包冰淇淋和瓦片

麵包(變硬的麵包)…200g
香草莢(使用在其他糕點之後)…適量
牛奶(岩手縣 Nakahora牧場的完全放牧牛乳)…1L
甜菜糖 …80g
蜂蜜(日本蜜蜂採收的蜂蜜)…60g
葛粉(吉野本葛)…30g
鹽(與那國海鹽)…少量

麥芽糖瓦片

翻糖的糖(fondant sugar) …1kg
水飴 …450g
麥芽糖 …60g

完成

酥粒* …適量
*用自製的麵包粉以研磨機磨成粉，取代麵粉而成

[製作方法]

麵包冰淇淋和瓦片

❶ 麵包和香草莢放在烤盤上，用160°C的烤箱確實烤至產生金黃色。
❷ 將①浸泡在牛奶中一夜。
❸ 在②中添加蜂蜜和甜菜糖加熱，用小火煮至麵包軟爛爲止。
❹ 用圓錐形濾網過濾，將牛奶和麵包碎分開(將麵包屑按壓在圓錐形濾網內，確實瀝乾水分)。
❺ 在④的液體中過濾加入溶於水的葛粉、鹽，使其融合。
❻ 將⑤放入 Pacojet冷凍粉碎調理機專用容器內冷凍。供餐前啟動 Pacojet，製作麵包冰淇淋。
❼ 將④以圓錐形濾網濾出的麵包屑，薄薄地攤平在烤盤上。用100°C的烤箱烘烤2小時，放入食品乾燥機，製作成麵包瓦片。

麥芽糖瓦片

❶ 將全部的材料放入鍋中加熱，加熱至155°C。
❷ 將①倒至矽膠墊上，直接放至冷卻凝固。
❸ 用食物調理機攪打成粉末狀，用茶葉濾網過濾成更細的粉。
❹ 依個人喜好攤平在烤盤紙上，以160°C的烤箱烘烤3～4分鐘。

完成

❶ 在盤中舖放酥粒，舀入麵包冰淇淋。
❷ 搭配麵包瓦片和麥芽糖瓦片。

樹木香氣與開心果的森林

（彩色第76頁）

關於盤皿
大橋洋食器的作品「Evergreeen」，以森林的樹木和苔蘚的岩石為意象製成，盛裝以森林為題的糕點，同世界的共鳴。
協助：大橋洋食器

［材料］

樹木香冰淇淋

冰淇淋基底（請參照→189頁「飄落山峰幸福的牛奶」的「牛奶冰淇淋」）…1.7L
樹葉（檜木、冷杉、香樟、日本榧樹）
樹枝粉（香樟、烏樟）
八朔柑橘皮（帶青色的）
小荳蔻
薄荷
檸檬馬鞭草
切碎的檜木屑…各適量

開心果苔蘚

開心果奶油餡（pistachio cream）…適量
A ┌抹茶粉
　│熊笹茶粉
　│可可粉
　└開心果海綿蛋糕粉＊…各適量
＊加入開心果泥烘烤而成的蛋糕，過篩製成的粉末

白樺樹液薄片

白樺樹液…750g
檜木樹皮…40g
有機木糖醇（xylitol）…75g
粉狀寒天（愛爾蘭苔蘚萃取物 Irish moss extract）…20g　萊姆果汁…8g
檸檬馬鞭草、天竺葵、萊姆皮、茴芹葉…各少量

巧克力樹皮

甜菜糖…1200g　水…500g
可可粉…455g　鮮奶油…800g
水飴…400g　明膠…52g
A ┌麵粉…80g　糖粉…40g
　└蛋白…70g　可可粉…25g

烏樟和馬告的優格醬汁

優格（Nakahora牧場原味優格飲）…1L
A ┌馬告…40g　烏樟粉…30g
　│天竺葵…20g　檸檬草…25g
　└茴香…25g　萊姆皮…2個
B ┌鮮奶油…160g　甜菜糖…80g
　└綠球藻（Chlorella）…5g　鹽…少量
薄荷油（請參照→189頁「飄落山峰 幸福的牛奶」）
佛手柑油＊…各少量
＊ 1L的冷壓白芝麻油，添加12個青佛手柑皮碎，用美善品多功能料理機（Thermomix）以50℃攪拌後過濾而成

完成

巧克力酥粒
薄荷油漬麝香葡萄＊1
開心果海綿蛋糕
焦糖松子＊2
香草（日本薄荷、綠薄荷 spearmint、檸檬香蜂草、茴香嫩芽）…各少量
＊1 麝香葡萄對半切，連同羅勒一起浸漬在薄荷油中
＊2 撒上鹽和黑胡椒，做成辛香口味

［製作方法］

樹木香冰淇淋

❶ 在冰淇淋基底中加入其他材料，用橡皮刮杓混拌。靜置1小時使香味移轉，過濾。
❷ 放入Pacojet冷凍粉碎調理機專用容器內冷凍。供餐前啟動Pacojet。

開心果苔蘚

❶ 在缽盆中放入A混合拌勻，為了讓顏色更自然呈現而不過度混拌。
❷ 在①上擠出直徑約1cm球狀的開心果奶油餡（省略解說），滾動使其沾裹上粉末。

白樺樹液薄片

❶ 白樺樹液和檜木樹皮混合煮至沸騰，撈除浮渣。
❷ 將還原的粉狀寒天放入有機木糖醇和水中，煮至溶化。
❸ 加入檸檬馬鞭草、天竺葵、萊姆皮、茴香葉，浸漬。加入萊姆果汁，過濾。
❹ 將③薄薄地攤平在方型淺盤，冷卻凝固，用直徑10cm的圈模按壓成圓片狀。

巧克力樹皮

❶ 混合甜菜糖和水加熱，製成糖漿。加熱至116℃時熄火，加入可可粉混拌，加入溫熱的鮮奶油和水飴，混拌。
❷ 待①冷卻至60℃時，放入還原的明膠使其溶化。過濾。
❸ 薄薄地攤平在矽膠墊上，以160℃的烤箱烘烤8分鐘。
❹ 混合A的材料，放入Pacojet冷凍粉碎調理機專用容器內冷凍。啟動Pacojet。
❺ 將④撒在③上，做成外觀形似樹皮的模樣，再次放入160℃的烤箱烘烤7分鐘。
❻ 趁⑤溫熱時，用手彎曲，做成像是從樹幹剝下的樹皮形狀。

烏樟和馬告的優格醬汁

❶ 優格和A混合放入袋中真空加壓，靜置於冷藏室2～3天。
❷ 混合①和B，溫熱。過濾。
❸ 待②冷卻後，倒入供餐用尖口容器內，淋入薄荷油和佛手柑油。

完成

❶ 在餐盤中盛放巧克力酥粒、薄荷油漬麝香葡萄、適當大小的開心果海綿蛋糕。
❷ 放上開心果的苔蘚和焦糖松子（省略解說），撒上香草。舀入樹木香冰淇淋，覆蓋白樺樹液薄片。
❸ 蓋上巧克力樹皮。
❹ 另外附上烏樟和馬告的優格醬汁，在桌邊澆淋供餐。

鄉愁的茜色

（彩色第78頁）

［材料］

李子與玫瑰的萃取精華

李子 …6個
水 …1L
覆盆子 …200g
玫瑰花 …5朵

醃漬李肉

李子（切成月牙狀）
李子與玫瑰的萃取精華
蜂蜜
甜菜糖 … 各適量

李子醬汁

李子與玫瑰的萃取精華
甜菜糖
葛粉 … 各適量

茉莉花茶慕斯

牛奶 …750g
甜菜糖 …140g
茉莉花茶 …80g
明膠 …22g
李子果泥 …75g
鮮奶油 …750g

茉莉花茶冰淇淋

冰淇淋基底（請參照→189頁「飄落山峰幸福的牛奶」的「牛奶冰淇淋」）…1.7L
茉莉花茶（茶葉）…80g

覆盆子寒天果凍

覆盆子果泥 …250g
玫瑰水 …40g
寒天（伊那寒天）…4g

完成

李子果泥
覆盆子酥粒
焦糖松子*
綿花糖
覆盆子粉 … 各適量
*撒上鹽和黑胡椒，做成辛香風味

［製作方法］

李子與玫瑰的萃取精華

❶ 李子去皮，果肉切成7mm厚的月牙狀。此時使果核周圍仍殘留些許果肉。切下的果肉備用（用於「醃漬李肉」）。
❷ 將果皮和切出果肉的果核一起放入鍋中，倒入水加熱。煮至沸騰後轉爲小火，熬煮3小時。
❸ 在②添加覆盆子和玫瑰花，放入袋中，眞空加壓。靜置於冷藏室一夜。
❹ 過濾③。慢慢從過濾器的細網中滴落，共計過濾5次，取用清澄的液體。

醃漬李肉

❶ 在李子與玫瑰花萃取精華中溶化甜菜糖。
❷ 切成月牙狀的李肉和①放入袋中，眞空加壓。靜置一夜。

李子醬汁

❶ 略熬煮李子與玫瑰花的萃取精華，用甜菜糖增添甜度。
❷ 將溶於水的葛粉加入①隔水加熱，至產生稠濃，作成醬汁。

茉莉花茶慕斯

❶ 混合牛奶和甜菜糖，溫熱至80℃。加入茉莉花茶，浸漬10分鐘。過濾。
❷ 添加還原的明膠，使其凝固至會晃動的程度（不要過度凝結），用攪拌器混拌攪散。
❸ 李子果泥（省略解說）用細網目的圓錐形濾網過濾，加入②。混合七分打發的鮮奶油，輕輕混拌。
❹ 放入直徑5cm的果凍模型中，冷卻凝固。

茉莉花茶冰淇淋

❶ 溫熱的冰淇淋基底中，添加茉莉花茶，浸漬約10分鐘。過濾。
❷ 放入Pacojet冷凍粉碎調理機專用容器內冷凍。啟動Pacojet製作。

覆盆子寒天果凍

❶ 覆盆子果泥（省略解說）用細網目的圓錐形濾網過濾。
❷ 混合①和玫瑰水加溫。放入寒天，煮至溶化。熄火，冷卻凝固。
❸ 待②凝固後，用攪拌機攪散成乳霜狀，放入擠花袋內。

完成

❶ 將茉莉花茶慕斯放入餐盤中，周圍盛放醃漬李肉、李子果泥、覆盆子寒天果凍、覆盆子酥粒（省略解說）。
❷ 倒入李子醬汁，撒上焦糖松子，舀入茉莉花茶的冰淇淋。
❸ 放上綿花糖（省略解說），篩上覆盆子粉。

〔 HÔTEL DE MIKUNI ／浅井拓也 〕

櫻花與覆盆子芭菲

Parfait à la framboise et au Sakura

（彩色第82頁）

［材料］

覆盆子芭菲

（160個。矽膠模型一片有70個）
細砂糖 …300g
水 …100g
蛋黃 …225g
板狀明膠 …5片
鮮奶油（乳脂肪成分35%）…900g
覆盆子汁（後述）…270g
草莓汁（後述）…270g

覆盆子櫻花雲 Nuage

（56×36cm的模型1個高1.5cm）
覆盆子汁（後述）…100g
草莓汁（後述）…400g
細砂糖 …140g
板狀明膠 …20g
櫻花醬 …50g
萊姆果汁 …20g

鏡面果膠

黃色鏡面果膠（nappage）…1kg
水 …150g

舒芙蕾糖花

水 … 少量
異麥芽糖醇（palatinit）… 適量
色粉（紅）… 少量

乾燥櫻花（séchés）

鹽漬櫻花 … 適量

覆盆子汁（Jus de framboise）

冷凍覆盆子（整顆）…2kg
砂糖 …100g
香草籽醬（Vanilla Paste）…1茶匙

草莓汁（Jus de fraise）

冷凍草莓（整顆）…2kg
砂糖 …100g
香草籽醬（Vanilla Paste）…1茶匙

組合

覆盆子、金箔、香草籽粉 … 各適量

［製作方法］

覆盆子芭菲

❶ 細砂糖和水放入鍋中加熱，使其溶化，熬煮至117℃。
❷ 在直立式攪拌機內放入蛋黃，邊打發邊少量逐次地加入①的糖漿，打發成炸彈麵糊（pâte à bombe）。
❸ 隔水加熱還原的板狀明膠至溶解，再加入。
❹ 九分打發的鮮奶油和③混合。加入覆盆子汁和草莓汁。
❺ 將④倒入直徑2.5cm半圓形的矽膠模（flexipan）冷凍。
❻ 將凍結的⑤2個一組地做成球狀。

覆盆子櫻花雲

❶ 將覆盆子汁、草莓汁和細砂糖加熱至散發蒸氣，糖煮至溶化，放入還原的板狀明膠、櫻花醬、萊姆果汁混合。過濾。
❷ 一邊在①的鍋底墊冰水，一邊混拌邊使其冷卻，降溫至7～10℃時，改用直立式攪拌機攪拌。
❸ 在模型中倒入②約1.5cm高。冷凍。
❹ 將③脫模切成1.5cm的方塊。

鏡面果膠

鏡面果膠和水混合。

舒芙蕾糖花

❶ 材料放入鍋中，熬煮至155℃。離火，降溫至140℃。
❷ 將①的糖輕輕以圈模的邊緣蘸取，使糖鑲滿底部。從圈模的相反方向吹氣，使其膨脹成細長形狀的糖球。
❸ 用戴著橡皮手套的手粉碎②的糖球。

乾燥櫻花

❶ 用熱水沖洗鹽漬櫻花，浸泡一夜。
❷ 剝散①，攤放在方淺型盤上，放入60℃的烤箱中乾燥一夜。

覆盆子汁

❶ 全部的材料放入方型淺盤中，用保鮮包覆密閉。放入90℃的蒸氣旋風烤箱中加熱2小時。
❷ 在濾網上舖放廚房紙巾，放入①過濾一夜。

草莓汁

與「覆盆子汁」相同，冷凍覆盆子改用冷凍草莓來製作。

組合

❶ 將切成5cm方塊狀的OPP（聚丙烯薄膜）放在轉檯上，中央放置覆盆子芭菲，周圍放9～10個覆盆子櫻花雲。
❷ 再次擺放9～10個覆盆子櫻花雲，以①為第一層交錯地疊起。
❸ 同樣交錯地在②擺放6個覆盆子櫻花雲，最後在中央放置2個，完全覆蓋住覆盆子芭菲。
❹ 將③放入冷凍，再用噴霧槍噴上鏡面果膠。
❺ 覆盆子切成4等分，置於餐盤中央。使用蛋糕刀從OPP（聚丙烯薄膜）將④輕輕移至覆盆子上。
❻ 撒上乾燥櫻花、金箔、香草籽粉。
❼ 在⑥的周圍放舒芙蕾糖花。以此狀態供餐，在桌邊將覆盆子汁從舒芙蕾糖花旁淋入。

普羅旺斯風卡莉頌杏仁糖

Calissons à la Provençale

（彩色第84頁）

［材料］

優格芭菲

（56×56cm的方框模2片）
細砂糖…380g
水…140g
蛋黃…280g
板狀明膠…10g
優格A…100g
原味優格粉…40g
優格B…700g
鮮奶油（乳脂肪成分35%）…1120g
杏仁海綿蛋糕（biscuit Joconde）…適量

卡莉頌

柳橙果肉碎粒…300g
細砂糖…240g
杏仁粉…900g
水…150g
君度橙酒（Cointreau）…16g
柳橙皮（新鮮）…12g

優格瓦片（100片）

糖粉…420g
蛋白…72g
優格粉（SOSA公司）…適量

糖煮金桔

糖漿（波美30°）…800g
水…200g
百里香（新鮮）…10g
金桔…約30個

金桔果泥

糖煮金桔…500g
細砂糖…250g

百里香油

橄欖油
百里香
羅勒油…各適量

組合

百里香葉
銀箔…各適量

［製作方法］

優格芭菲

❶ 細砂糖和水放入鍋中加熱，使其溶化，加熱至117°C。
❷ 蛋黃用攪拌器略打發，將①以細流狀加入，一邊打發至濃稠狀，製作炸彈麵糊（pâte à bombe）。
❸ 隔水加熱板狀明膠，與優格A混合，加入原味優格粉混拌。
❹ 混合③和②，加入優格B和八分打發的鮮奶油，混拌。
❺ 在56×56cm的方框模中舖放杏仁海綿蛋糕（省略解說），倒入④。冷凍。
❻ 用葉片形切模切出形狀。

卡莉頌

❶ 混合所有的材料。
❷ 用OPP（聚丙烯薄膜）包夾①，擀壓成9mm的厚度。
❸ 用葉片形切模切出形狀。

優格瓦片

❶ 用攪拌機攪打糖粉和蛋白，在葉片形狀的模板（chablon）內鋪平。
❷ 篩上優格粉，拿起模板。置於常溫中使其乾燥。

糖煮金桔

❶ 在鍋中放入糖漿、水煮至沸騰，加進百里香，離火。覆蓋鋁箔紙，浸漬5分鐘。
❷ 將①（連同百里香）和金桔裝入專用袋中，真空加壓，放入90°C的蒸氣旋風烤箱中加熱1小時。半量直接保存，半量用於金桔果泥（後述）。

金桔果泥

糖煮金桔和細砂糖放入食物調理機中，攪打成果泥。

百里香油

❶ 橄欖油中放入百里香葉片，加溫使香氣移轉。過濾。
❷ 在①中添加羅勒油（省略解說），調整色澤和香氣。

組合

❶ 在優格芭菲上，擺放切成月牙形狀的糖煮金桔。
❷ 將金桔果泥塗抹在餐盤超過一半以上的面積，散放上切成薄片的糖煮金桔。餐盤空下的部分，適量地撒上百里油和百里香葉片。
❸ 卡莉頌上擺放切成月牙形狀的糖煮金桔。
❹ 交替地將①和③擺放成放射狀，再放優格瓦片。
❺ 間隔的在優格瓦片的前端黏上銀箔。

泡盛巴巴
Baba au Awamori

(彩色第86頁)

［材料］

巴巴

麵團

A［乾燥酵母…4.4g　水(30℃)…20g

高筋麵粉…300g

B［細砂糖…30g　鹽…6g
　全蛋…150g　水(30℃)…130g

奶油(軟膏狀)…75g

糖漿

［水…300g　細砂糖…100g
　泡盛…80g　萊姆果汁(新鮮)…1個

百香果風味香緹鮮奶油

A［鮮奶油(乳脂肪成分43%)…250g
　香草籽醬…5g　細砂糖…50g

板狀明膠…4g　百香果泥…85g

百香果利口酒(kingston)…4g

百香果糖漿(MONIN)…20g

馬斯卡邦起司…50g

鮮奶油(乳脂肪成分35%)…170g

糖煮鳳梨

糖漿

［水…300g　細砂糖…200g

鳳梨(切成薄片)…適量
(可浸漬程度的份量)

巴巴鳳梨圓筒

巴巴、百香果風味香緹鮮奶油、糖煮鳳梨…各適量

香檬的粗粒冰砂

香檬果汁(100%果汁)…200g

葡萄柚汁(100%果汁)…200g

糖漿(波美30°)…100g　細砂糖…10g

粉狀水飴…10g　安定劑(Vidofix)…2g

泡盛酒泡沫

泡盛…25g　水…100g

卵磷脂、檸檬汁…各少量

組合

鏡面果膠(請參照→196頁「櫻花與覆盆子芭菲」)

乾燥鳳梨*

香檬皮…各適量

*切成薄片的糖煮鳳梨，用60℃的烤箱烘烤一夜使其乾燥製成

［製作方法］

巴巴

❶ 製作麵團。在缽盆中放入**A**，由**B**中取1小撮細砂糖加入，10～15分鐘使其預備發酵。
❷ 直立式攪拌機中放入高筋麵粉，放入①和全部的**B**，用葉型攪拌槳低速攪拌揉和至產生麵筋薄膜。
❸ 加入奶油，揉和。
❹ 在較大的缽盆中塗抹奶油(份量外)，放入③，覆蓋上濡濕的布巾，置於30℃的場所發酵約1小時。
❺ 將④裝入擠花袋內，擠至直徑2.5cm的半圓形矽膠模型中，上方留下空隙(即使麵團膨脹也不會沾黏的程度)，蓋上蓋子，置於30℃的場所發酵1小時。
❻ 將⑤放入180℃的烤箱烘烤約45分鐘。
❼ 製作糖漿。水、細砂糖煮沸後，放涼至40℃。加入泡盛和萊姆果汁。
❽ 將⑥浸泡在⑦的糖漿中，常溫放置半天使其浸潤。

百香果風味香緹鮮奶油

❶ 將**A**置於鍋中加熱，放入還原的板狀明膠至溶化。
❷ 其餘材料與①混合，用手持電動攪拌棒混合拌勻。
❸ 靜置於冷藏室，翌日打發使用。

糖煮鳳梨

❶ 糖漿的材料加熱至沸騰。
❷ 將切成薄片的鳳梨放入略有厚度的方形淺盤上，倒入①。
❸ 包覆保鮮膜，置於冷藏室2天使其入味。

巴巴鳳梨圓筒

❶ 用OPP(聚丙烯)薄膜做成直徑2cm×長12cm的圓筒，用透明塑膠帶固定，單面開口處用保鮮膜貼起塞住。
❷ 從①的另一端，交替填放巴巴和百香果風味香緹鮮奶油。待填滿時，用保鮮膜包覆，冷凍。
❸ 攤開另一張聚丙烯薄膜，將切成薄片後對切的糖煮鳳梨舖成長方形。此時大小約是8×12cm(正好是可以捲起②的寬度及長度)。此外，仔細地將切成適當大小的糖煮鳳梨不層疊地填滿間隙。
❹ 在③上擺放除去保鮮膜和聚丙烯薄膜的②，像捲壽司般包捲起來。接口處朝下地放置在方型淺盤上，冷凍。

香檬的粗粒冰砂

❶ 混合全部的材料，用矽膠製的製冰盒冷凍。
❷ 用刨冰機將①的冰塊刨成冰砂狀。

泡盛酒泡沫

混合材料，用手持電動攪拌棒打出泡沫。

組合

❶ 巴巴鳳梨圓筒上塗抹略加溫的鏡面果膠，置於冷藏室解凍約30分鐘。
❷ 將①盛盤，兩端貼上用圓形切模切出的乾燥鳳梨，切成扇型的乾燥鳳梨插入圓筒上。
❸ 搭配香檬的粗粒冰砂、泡盛酒泡沫，撒上乾燥的香檬皮。

莫希托聖多諾黑

Saint-Honoré au Mojito

(彩色第88頁)

［材料］

泡芙麵團

水 …250g
牛奶 …250g
細砂糖 …10g
鹽 …10g
奶油 …225g
高筋麵粉 …250g
全蛋 …500g

白蘭姆酒卡士達醬

卡士達醬 …150g
白蘭姆酒 …40g

薄荷香緹鮮奶油

鮮奶油 **A**（乳脂肪成分35%）…100g
胡椒薄荷（Peppermint）…20g
香草籽醬 …3g
細砂糖 …25g
板狀明膠 …1.7g
馬斯卡邦起司 …30g
鮮奶油 **B**（乳脂肪成分35%）…200g

泡芙用糖衣

水飴 …100g
水 …100g
細砂糖 …400g
色粉（紅、綠）
珍珠粉 … 各適量

糖漬莫希托

黃色鏡面果膠（nappage）…100g
水 …10g
薄荷利口酒（Get 27）…10g
薄荷葉 …5g

薄荷油

薄荷 …20g
橄欖油 …200g

蘭姆酒雪酪

水 …400g
細砂糖 …200g
安定劑（Vidofix）…7g
葡萄柚汁 …400g
萊姆皮（新鮮）…2個
萊姆果汁（新鮮）…2個
萊姆汁（etna）…20g
薄荷利口酒（Get 27）…10g

組合

折疊派皮（請參照→203頁「千層派」）
… 直徑3.5cm2片
萊姆皮、薄荷粉、蓬鬆的糖花、銀箔
… 各適量

［製作方法］

泡芙麵團

❶ 在鍋中放入水、牛奶、細砂糖、鹽、奶油，加熱。
❷ 在①沸騰後，一次加入全部的過篩高筋麵粉，用木杓快速地混拌。
❸ 待②的水分略爲蒸發後，移至桌上型攪拌機的缽盆中。
❹ 用葉型攪拌槳混拌③，待降溫後，少量逐次加入常溫的蛋液。
❺ 待麵團成爲適當的硬度後（視硬度情況調整蛋液的份量），填入擠花袋內，擠成直徑2.5cm的大小。
❻ 用上火160℃、下火180℃的烤箱烘烤。

白蘭姆酒奶油餡

混合全部的材料拌勻。

薄荷香緹鮮奶油

❶ 加熱鮮奶油 **A** 至即將沸騰，加入胡椒薄荷，浸漬5分鐘。過濾。
❷ 在①中加入香草籽醬、細砂糖、還原的板狀明膠、馬斯卡邦起司，用攪拌機混合拌勻。
❸ 待②降溫後，加入鮮奶油 **B**。靜置於冷藏室一夜。
❹ 翌日打發使用。

泡芙用糖衣

水飴和水用鍋子熬煮至165℃，加入綠色色粉之後，爲了讓顏色較自然，視狀況加入紅色色粉，再加入珍珠粉。

糖漬莫希托

黃色鏡面果膠、水、薄荷利口酒加熱至人體肌膚溫度，加入薄荷葉，用料理機攪打成泥狀。

薄荷油

薄荷快速汆燙後，與橄欖油一起放入料理機攪打，用廚房紙巾過濾一夜。

蘭姆酒雪酪

❶ 溫熱水，溶化砂糖和安定劑。
❷ 待①冷卻後，加入其餘的全部材料混拌，用冰淇淋機攪打至成雪酪。

組合

❶ 組合聖多諾黑泡芙。泡芙內擠入白蘭姆酒卡士達醬。
❷ 以糖衣沾裹①的泡芙，刮掉滴落的糖衣。
❸ 在千層酥皮上擠出少量薄荷香緹鮮奶油，擺上②，周圍擠出波浪狀的薄荷香緹鮮奶油。
❹ 用淚珠形模板（chablon）將糖漬莫希托塗抹在餐盤上5處。
❺ 擺放③，舀入蘭姆酒雪酪、撒上萊姆皮。
❻ 在餐盤中滴淋薄荷油，撒上薄荷粉。將蓬鬆的糖花（省略說明）放在盤中，再裝飾銀箔。

文旦杏仁奶凍

Blanc-manger Buntan

（彩色第90頁）

［材料］

茴香雪酪

茴香葉（切碎）…38g
茴香莖（切碎）…57g
水…1140g
A ┌ 粉狀水飴…380g
 │ 細砂糖…570g
 └ 安定劑（Vidofix）…19g
葡萄柚果汁…1140g
萊姆皮碎…1個

文旦果凍

文旦果汁…150g
動物膠（SOSA公司 Instangel）…6g
細砂糖…15g

糖漬文旦

文旦…1個
水…1L
細砂糖…875g
（250g×1次、125g×5次使用）

文旦杏仁奶凍

杏仁奶凍的材料
┌ 牛奶…710g
│ 杏仁片…25g
│ 板狀明膠…13g
│ 細砂糖…130g
│ 阿瑪雷托杏仁甜酒（Amaretto）…8g
│ 香草籽醬（Vanilla Paste）…1茶匙
└ 鮮奶油（乳脂肪成分35%）…165g
糖漬文旦（漂亮的圓形部分）…適量
手指檸檬（Citron caviar）
糖漬文旦（薄片）
文旦果凍…各適量

組合

柳橙醬汁*
文旦果肉（新鮮）
糖漬文旦（切成細絲）
金盞花（marigold）
茴香葉…各適量
*柳橙汁100g與40g黃色鏡面果膠混合

［製作方法］

茴香雪酪

❶ 水煮沸後放入茴香葉，離火。蓋上鍋蓋，浸漬5分鐘。
❷ 茴香莖也先燙煮過，加入①。
❸ 混拌**A**，加入②。
❹ 將葡萄柚汁加入③，冷卻後加入萊姆皮。
❺ 連同茴香葉和莖一起以冰淇淋機攪打製成雪酪。

文旦果凍

❶ 搾取文旦果汁，加入細砂糖、動物膠使其溶化。
❷ 置於冷藏室冷卻凝固。

糖漬文旦

❶ 文旦切成1.5cm厚的片。冷凍。
❷ 將①置於冰水中漂洗6次（Blancher）。
❸ 水中放入細砂糖250g，將②煮約30分鐘。直接放置冷卻，靜置冷藏室一夜。
❹ 在③中添加細砂糖125g，煮約30分鐘。直接放置冷卻，靜置冷藏室一夜。
❺ 在④中添加細砂糖125g，煮至沸騰。直接放置冷卻，靜置冷藏室一夜。
❻ 在⑤之後，重覆3次（共計5次）。
❼ 挖出果肉，漂亮的圓形部分用於杏仁奶凍，其餘的表皮都切成薄片、細絲。

文旦杏仁奶凍

❶ 製作杏仁奶凍的基底。牛奶煮至沸騰，加入杏仁片後，離火。浸漬5分鐘。
❷ 在①放入還原的板狀明膠溶化，過濾。
❸ 在②添加細砂糖、阿瑪雷托杏仁甜酒、香草籽醬，冷卻。
❹ 待③冷卻後加入鮮奶油，用手持電動攪拌棒混拌。
❺ 在挖去果肉的糖漬文旦中倒入④，放入冷藏室冷卻凝固。此時，杏仁奶凍的高度略低於糖漬文旦。
❻ 在杏仁奶凍上放剝散的手指檸檬、糖漬文旦皮（薄片），再由上方倒入文旦果凍，冷卻凝固。

組合

❶ 在餐盤中舖放柳橙醬汁。
❷ 在文旦杏仁奶凍上沿著四周擺放剝散的文旦果肉，均衡地撒上糖漬文旦皮（細絲）、金盞花的花瓣。
❸ 將②放入①的餐盤，將茴香雪酪擠在②的中央，以茴香葉裝飾。

草莓羅勒冰淇淋

Glace fraisier basilic

（彩色第92頁）

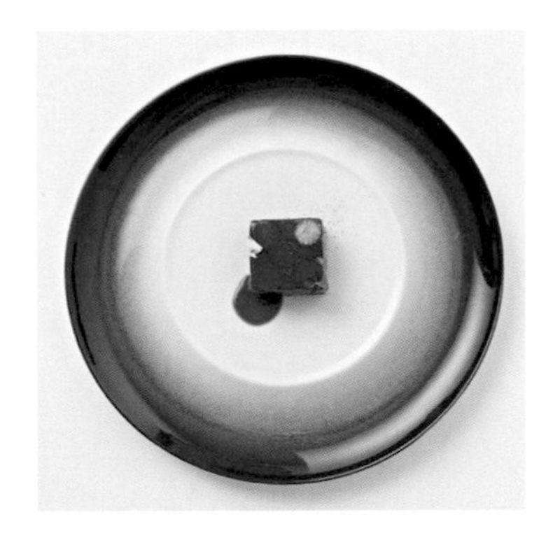

［材料］

香草冰淇淋

牛奶…700g
蛋黃…8個
細砂糖…170g
香草莢（大溪地產）…1根
鮮奶油（乳脂肪成分43%）…200g

草莓丁

草莓（東京練馬產，2L尺寸）…15個
羅勒（東京西東京產）…3片
蕁麻酒（Chartreuse）
羅勒油…各少量

覆盆子香緹鮮奶油

鮮奶油**A**（乳脂肪成分35%）…300g
香草籽醬…9g
細砂糖…84g
板狀明膠…1.5片（5.1g）
馬斯卡邦起司…90g
覆盆子白蘭地（Eau-de-Vie）…7.5g
紅石榴糖漿（grenadine syrup）…30g
鮮奶油**B**（乳脂肪成分35%）…450g
覆盆子汁（Jus de framboise）（請參照→196頁「櫻花與覆盆子芭菲」）…150g

草莓鏡面果膠

草莓汁（Jus de fraise）（請參照→196頁「櫻花與覆盆子芭菲」）…500g
細砂糖…24g
NH果膠…20g
香波堡利口酒（Chambord）…20g
檸檬酸…0.4g
檸檬果汁…15g

組合

羅勒油
草莓（東京練馬產。切片）…各適量
杏仁海綿蛋糕…4cm正方型1片
金箔
酢醬草
香草莢粉…各適量

［製作方法］

香草冰淇淋

❶ 混合材料加熱製作成英式蛋奶醬（放涼後加入鮮奶油）。
❷ 以冰淇淋機攪打。

草莓丁

❶ 草莓切成小塊。羅勒切碎。
❷ 將①連同蕁麻酒、羅勒油（省略說明）一起混合拌勻。

覆盆子香緹鮮奶油

❶ 鮮奶油**A**、香草籽醬、細砂糖放入鍋中煮至沸騰，放入還原的板狀明膠溶化。
❷ 冷卻①，加入馬斯卡邦起司、覆盆子白蘭地、紅石榴糖漿、鮮奶油**B**、覆盆子汁，用手持電動攪拌棒混合均勻。靜置於冷藏室一夜。
❸ 翌日，用桌上型攪拌機打發。

草莓鏡面果膠

❶ 混合細砂糖和NH果膠。
❷ 草莓汁加溫至40℃，過篩加入①。沸騰後，混合其他的材料。冷卻。
❸ 使用時，略略加溫。

組合

❶ 4.5cm的方框模中舖放保鮮膜，貼滿草莓薄片。
❷ 彷彿填滿草莓間隙般地，先塗抹一層覆盆子香緹鮮奶油固定，再塗抹一次約3cm厚，冷凍。
❸ 在②內填入香草冰淇淋，舖放草莓丁，覆蓋上杏仁海綿蛋糕（省略解說），冷凍。
❹ 將③脫模，表面刷塗草莓鏡面果膠。
❺ 供餐的20分鐘前，從冷凍室移至冷藏室。
❻ 在餐盤中滴淋少量羅勒油，上方再滴淋少量溶化的草莓鏡面果膠，中央放入⑤。用草莓、金箔、酢醬草裝飾，篩上香草莢粉。

起司巴巴露亞金字塔

Pyramide de bavarois au fromage

（彩色第94頁）

［材料］

金字塔瓦片

細砂糖 …350g
水 …90g
水飴（葡萄糖）…180g
薄脆片（Feuilletine）…90g

布里亞薩瓦蘭起司的巴巴露亞

牛奶 …270g
細砂糖 …80g
冷凍蛋黃 …140g
香草籽醬 …0.5g
板狀明膠 …13g
布里亞薩瓦蘭起司（brillat-savarin cheese）…200g
鮮奶油（乳脂肪成分35%）…230g

白乳酪冰淇淋

牛奶 …350g
細砂糖 …85g
檸檬酸 …1g
蛋黃 …4個
白乳酪 …150g

白酒果凍

白葡萄酒 …100g
水 …100g
細砂糖 …40g
動物膠（SOSA公司 Instangel）…4.8g

索甸甜白酒果凍

索甸甜白酒 …100g
水 …100g
細砂糖 …40g
動物膠（SOSA公司 Instangel）…4.8g

糖漬葡萄乾

葡萄乾 …100g
細砂糖 …200g
水 …150g
勃艮第渣釀白蘭地
（Marc de Bourgogne）…50g

大茴香泡泡

白葡萄酒 …50g
水 …100g
大茴香 …5g
板狀明膠 …2片
阿拉伯膠（Gum arabic）…5g
細砂糖 …40g

組合

食用珍珠粉
銀箔 … 各適量

［製作方法］

金字塔瓦片

❶ 細砂糖、水、水飴放入鍋中，加熱。熬煮至150°C，加入薄脆片，用木杓混拌。
❷ 倒在矽膠墊上蓋烘焙紙，用擀麵棍平整地壓薄，使其乾燥。
❸ 待充分凝固後，用食物調理機攪打成粉末狀。
❹ 在5cm金字塔模中噴霧油脂，邊過篩③邊均勻撒入。
❺ 以170°C的旋風烤箱烘烤2～3分鐘。降溫後，脫模。

布里亞薩瓦蘭起司的巴巴露亞

❶ 用牛奶、細砂糖、冷凍蛋黃、香草籽醬製作英式蛋奶醬，再放入還原的板狀明膠使其溶化。
❷ 切成適當大小的起司加入①混合融入，與攪打成八分打發的鮮奶油混合。
❸ 填入直徑4×高1.2cm的圈模中，冷卻凝固。

白乳酪冰淇淋

❶ 用牛奶、蛋黃、細砂糖製作英式蛋奶醬，混入白乳酪和檸檬酸。
❷ 用冰淇淋機攪打，裝入2.5cm金字塔模中填平，冷凍。

白酒果凍

煮沸白葡萄酒和水，溶化細砂糖、動物膠。放入容器，冷卻凝固。

索甸甜白酒果凍

煮沸索甸甜白酒和水，溶化細砂糖、動物膠。放入容器，冷卻凝固。

糖漬葡萄乾

將所有的材料入鍋中，煮至沸騰。熄火，放置冷卻。裝入袋中真空加壓，靜置於冷藏室二天。

大茴香泡泡

❶ 煮沸白葡萄酒和水，加入大茴香，熄火，浸漬5分鐘。過濾。
❷ 放入還原的板狀明膠、阿拉伯膠、細砂糖。
❸ 用空氣泵（air pump）（水槽用）打至發泡。

組合

❶ 在餐盤中央，放置直徑4cm的圈模，周圍各別倒入用湯匙攪碎的白酒果凍、索甸甜白酒果凍。用噴槍加熱表面使其軟化，放入冷藏室再次冷卻固定。脫去圈模。
❷ 在脫去①圈模的位置，放置布里亞薩瓦蘭起司的巴巴露亞，擺放糖漬葡萄乾、白乳酪冰淇淋（冰淇淋先放置在冷藏室使其稍稍軟化）。
❸ 用毛刷在金字塔瓦片表面刷上食用珍珠粉
❹ 將③蓋在②上，頂尖飾以銀箔。

千層派

1000 feuille

（彩色第96頁）

［材料］

卡士達醬

牛奶…1L
香草莢（新喀里多尼亞 Nouvelle-Calédonie產）…1根
冷凍蛋黃（20%加糖）…300g
細砂糖…240g
高筋麵粉（過篩）…45g
卡士達粉…45g

炸彈麵糊

細砂糖…120g
水…40g
蛋黃…90g

輕盈卡士達鮮奶油（Crème diplomate légère）

鮮奶油（乳脂肪成分35%）…400g
卡士達奶油…400g
炸彈麵糊…200g

香草冰淇淋（Crème glacée vanille）

牛奶…500g
鮮奶油（乳脂肪成分35%）…200g
香草籽醬…2g
香草莢（新喀里多尼亞 Nouvelle-Calédonie產）…1根
細砂糖…125g
粉狀水飴…40g
安定劑（Vidofix）…3g
糕點用寒天（le kanten ultra）…6g
脫脂奶粉…30g

基本折疊派皮麵團（約60盤份量）

基本麵團
- 冷水…730g　白酒醋…40g
- 鹽…50g　奶油…250g
- 高筋麵粉…1700g

折疊用奶油…1350g

組合

香草莢粉…適量

［製作方法］

卡士達醬

❶ 在鍋中放入牛奶，切開香草莢放入，加熱至即將沸騰。
❷ 在缽盆中放入冷凍蛋黃、細砂糖，攪拌打發至顏色發白。放入高筋麵粉、卡士達粉，輕輕混合拌勻。
❸ 少量逐次地將①混拌至②，混拌完成後，過濾倒回①的鍋中，邊用攪拌器充分混拌邊加熱。
❹ 待產生光澤，並有適當的濃稠度、不具彈性後，倒入方型淺盤中，急速冷凍地冷卻。使用時再混拌。

炸彈麵糊

❶ 將細砂糖、水放入鍋中，加熱煮至117°C。
❷ 將蛋黃放入桌上型攪拌機中，略打發。以細線狀少量逐次地倒入①，一邊用高速攪拌打發。

輕盈卡士達鮮奶油

❶ 鮮奶油八分打發後，和卡士達醬混拌。
❷ 加入炸彈麵糊，用橡皮刮杓輕柔混拌。

香草冰淇淋

❶ 在牛奶、鮮奶油中加入香草籽醬、香草莢，加熱至沸騰。冷卻，靜置於冷藏室一夜。
❷ 過濾①，加熱至90°C後，一次加入其他全部的材料，混合拌勻。
❸ 下墊冰水冷卻，用手持電動攪拌棒攪拌。再用冰淇淋機攪打製作。

基本折疊派皮麵團

❶ 製作基本麵團。在缽盆中放入冷水、白酒醋、鹽，混合拌勻，使鹽充分溶化備用。
❷ 用奶油製作焦化奶油，鍋子下墊冰水急速冷卻。
❸ 取份量中100g高筋麵粉和②混合拌勻，成爲膏狀。
❹ 高筋麵粉1600g放入直立式攪拌機內。加入③，用葉型攪拌槳輕輕混拌，在完全混拌完成前加入①，混拌成團。
❺ 取出④，邊輕輕揉和邊整合成團。放入缽盆中，覆蓋保鮮膜，靜置於冷藏室一夜完成基本揉和麵團（détrempe）。
❻ 將置於常溫回軟的折疊用奶油擀壓成25×25cm，放入冷藏室。
❼ 在⑥冷卻時，將基本麵團擀壓成40×40cm，放回冷藏室。
❽ 在⑥略緊實後取出，用⑦的基本麵團包覆。此時，要確實撒上手粉。
❾ 進行3折疊作業2次。此時，噴霧水氣，使麵團與麵團確實貼合（⑩、⑪也進行同樣步驟），靜置於冷藏室2小時。
❿ 進行3折疊作業1次，4折疊作業1次。靜置於冷藏室一夜。
⓫ 翌日，再進行1次3折疊作業，擀壓成2.5mm厚，靜置2小時。
⓬ 將矽膠烤紙放在烤盤上，兩側擺放厚1cm的高度尺。
⓭ 放入上火、下火都是160°C的烤箱中烘烤15分鐘。之後，將矽膠烤紙（金屬網架）、高度尺擺放在麵團上加壓，再烘烤45分鐘。

組合

❶ 將千層派切成20×2cm的大小。2片層疊，切面朝上地盛放在餐盤中。
❷ 在餐盤外側舀上輕盈卡士達鮮奶油，內側是香草冰淇淋。篩上香草莢粉。

柚子米布丁

Riz-au-lait au Yuzu

（彩色第98頁）

［材料］

柚子芭菲

A
- 蛋黃…120g
- 細砂糖…160g
- 水…50g

板狀明膠…8.5g
鮮奶油（乳脂肪成分35%）…500g

B
- 柚子果凍…130g
- 柚子酒*…30g
- 柚子皮…1個

柚子醬…適量

*使用高知縣產柚子果汁和日本酒製成的利口酒。使用的是同一縣土佐酒造的YUZUSAKE（柚子酒）

柚子醬

柚子皮（漂洗6次）…200g
細砂糖…200g

米布丁

米（經淨洗處理的免洗米）…80g
牛奶…540g
細砂糖…40g
香草莢（新喀里多尼亞Nouvelle-Calédonie產）…1根
柳橙皮…1/2個
檸檬皮…1/4個
鮮奶油（乳脂肪成分35%）…60g

國稀果凍

水…400g
日本酒（北海道、國稀酒造「國稀」）…100g
細砂糖…75g
動物膠（SOSA公司Instangel）…12g

組合

柚子…1個
鏡面果膠
乾冰
柚香精柚…各適量

［製作方法］

柚子芭菲

❶ 用**A**的材料製作炸彈麵糊，放入還原的板狀明膠溶化。
❷ 將八分打發的鮮奶油拌至①，加入**B**再混合拌勻。
❸ 做出模仿切成圓片柚子形狀的模板（chablon），使用模板將柚子醬（後述）塗在OPP（聚丙烯）薄膜上，拿起模板。
❹ 將③放進圈模，倒入②。冷凍。

柚子醬

林料用食物調理機攪打成膏狀。

米布丁

❶ 將鮮奶油之外的材料加熱。沸騰後覆蓋鋁箔紙，用小火煮約20分鐘。
❷ 熄火，置於常溫中10分鐘。靜置於冷藏室一夜。
❸ 翌日，從②中取出柳橙、檸檬皮、香草莢，與八分打發的鮮奶油混合拌勻。

國稀果凍

❶ 加熱水和日本酒，煮至沸騰。
❷ 溶化細砂糖和動物膠。放入容器內，冷卻凝固。

組合

❶ 切去柚子上端1/3，挖除果肉，作爲柚子容器。
❷ 在①中依序填入米布丁、舀碎的國稀果凍。柚子芭菲圖案朝上地擺放，塗抹鏡面果膠（請參照→196頁「櫻花與覆盆子芭菲」）。
❸ 將②盛盤，周圍擺放乾冰，滴淋柚香精油。
❹ 供餐時，在乾冰上澆淋熱水，會同時散發香氣與煙霧。

翻轉蘋果塔

Tarte Tatin

（彩色第100頁）

［材料］

香煎蘋果

蘋果（紅玉）…30個
細砂糖…1kg
奶油…200g
A
砂糖…400g
肉桂…3g
細砂糖…400g
香草莢（新喀里多尼亞 Nouvelle-Calédonie產）…4.5g
蘋果白蘭地（calvados）…120g

蘋果醬汁

蘋果（紅玉）…1個
A
水…50g
糖漿（波美30°）…150g
檸檬汁…10g
紅石榴糖漿…5g
維生素C（ascorbic acid）…適量
黃色鏡面果膠（nappage blond）…100g

折疊派皮

基本折疊派皮麵團（請參照→203頁「千層派」）…適量

古古美醂冰淇淋

牛奶…350g
蛋黃…4個
細砂糖…85g
味醂（古古美醂*）…100g
＊10年熟成的本味醂，深茶色有著複雜又濃醇的甜味，岐阜縣白扇酒造的製品

組合

糖粉
鏡面果膠
蕎麥粒
蕎麥粉…適量

［製作方法］

香煎蘋果

❶ 細砂糖放入鍋中加熱，呈焦糖色後加入奶油融化。
❷ 削皮去芯的蘋果切成薄片，放入缽盆中沾裹**A**。放入①的鍋中加熱。
❸ 邊混拌全體邊加熱至蘋果即將熟透時，加入蘋果白蘭地（calvados）。離火。
❹ 趁熱填入直徑6cm的圈模，冷凍。

蘋果醬汁

❶ 削皮去芯的蘋果切成1/8的月牙形狀，連同**A**一起放入袋中，真空加壓，放入90°C的蒸氣旋風烤箱中加熱1小時。
❷ 用冰水冷卻①，以手持電動攪拌棒攪打成蘋果泥，添加維生素C和鏡面果膠。

折疊派皮

❶ 將基本折疊派皮麵團擀壓成2.5mm厚，切成2×21cm。
❷ 將①包捲在包覆了矽膠紙，直徑6cm的圈模上，外面再套上直徑8cm的圈模。
❸ 放入上火、下火都是180°C的烤箱中烘烤30分鐘。

古古美醂冰淇淋

❶ 用牛奶、蛋黃、細砂糖加熱製作英式蛋奶醬，冷卻後加入味醂。
❷ 用冰淇淋機攪打①製成冰淇淋。

組合

❶ 在折疊派皮上篩糖粉，用190°C的烤箱使其焦糖化。
❷ 將香煎蘋果從圈模中脫出，填入①的折疊派皮中，在常溫中解凍。
❸ 在②的蘋果上刷塗鏡面果膠（請參照→196頁「櫻花與覆盆子芭菲」）。將蕎麥粒排放在折疊派皮上。
❹ 餐盤中舀入蘋果醬汁，盛放③。將古古美醂冰淇淋擺在③的一側邊緣，在冰淇淋上篩蕎麥粉。

東京蒙布朗

Mont-blanc Tokyo

（彩色第102頁）

［材料］

蒙布朗奶油餡

和栗（東京產）…450g
水飴（葡萄糖）…54g
冰凍和栗醬（Queen Marron*）…450g
糖漬栗子醬（pâte de marron 義大利 Imbert）…225g
糖煮栗子泥（Crème de marrons 義大利 Imbert）…180g
奶油（軟膏狀）…225g
*愛媛縣、米田青果食品株式会社的製品，使用愛媛縣產的高級和栗

栗子形狀的香草香緹鮮奶油

香草香緹鮮奶油
- 鮮奶油 **A**（乳脂肪成分35%）…800g
- 細砂糖 …224g
- 香草籽醬 …24g
- 板狀明膠 …4片
- 鮮奶油 **B**（乳脂肪成分35%）…1600g
- 馬斯卡邦起司 …240g
- 阿瑪雷托杏仁甜酒（Amaretto）…20g

糖煮東京產和栗（自製）
巧克力用色粉（黃、黑）… 各適量

鏡面果膠

黃色鏡面果膠（nappage）…1kg
水 …150g
咖啡萃取精華（TRABLIT Extrait de cafe）…40g
珍珠粉 … 少量

蛋白餅

蛋白 …300g
細砂糖 **A**…180g
杏仁粉 …150g
細砂糖 **B**…270g
玉米粉 …30g

青酎冰淇淋

牛奶 …700g
蛋黃 …8g
細砂糖 …170g
鮮奶油（乳脂肪成分43%）…100g
青酎* …100g
*伊豆諸島位於東京都的青島，所釀造的芋燒酎酒

組合

糖粉、土耳其細麵（kadaif）、可可粉 … 各適量

［製作方法］

蒙布朗奶油餡

❶ 燙煮和栗，剝去外殼和種皮，過濾。
❷ 用微波爐加熱水飴。
❸ 將①、②和其他材料一起混合拌勻。

栗子形狀的香草香緹鮮奶油

❶ 製作香草香緹鮮奶油基底。鮮奶油 **A**、細砂糖、香草籽醬放入鍋中加熱，放入還原的板狀明膠溶化。
❷ 在①放入鮮奶油 **B**、馬斯卡邦起司、阿瑪雷托杏仁甜酒混拌，用手持電動料理機攪打，置於冷藏室一夜，製作成草香緹鮮奶油基底。
❸ 翌日，將②攪打至七分打發。
❹ 將③擠至直徑3cm的半圓形矽膠模型中，填入切成粗粒的糖煮和栗。冷凍。
❺ 將2個④的冷凍半圓組合成球形，再放入③沾裹、包覆。前端做出栗子尖端的形狀。
❻ 將⑤排在烤盤中再次冷凍。
❼ 以巧克力用色粉噴霧後，放入冷凍使其略凍結。再噴霧上溫熱的鏡面果膠（混合所有材料）。

鏡面果膠

混合所有的材料。

蛋白餅

❶ 蛋白、細砂糖 **A** 確實打發成蛋白霜。
❷ 杏仁粉、細砂糖、玉米粉混合拌勻。加入①，大動作混合拌勻。
❸ 在矽膠墊上將②擠成直徑3.5cm的圓形，用旋風烤箱以120°C烘烤70分鐘，之後改以130°C再烘烤20分鐘。

青酎冰淇淋

❶ 用牛奶、蛋黃、細砂糖加熱製作英式蛋奶醬。加入鮮奶油、青酎。
❷ 用冰淇淋機攪打。
❸ 舖放在方型淺盤中0.8cm厚使其結凍。
❹ 用直徑4cm的圈模按壓出形狀。

組合

❶ 用巧克力（份量外）在盤中描繪出栗毬刺的形狀。
❷ 剝碎的土耳其細麵撒上可可粉，沾裹在解凍的栗形香草香緹鮮奶油周圍，貼合至下方1/3的高度。
❸ 在餐盤中，放置蛋白餅，在周圍擠蒙布朗奶油餡。蛋白餅上也擠奶油餡，再擺放青酎冰淇淋。
❹ 將②放在③上。

山崎歐培拉

Opéra parfumé au Yamazaki

（彩色第104頁）

［材料］

咖啡甘那許

覆蓋巧克力（可可成分70%，Valrhona的Guanaja）…200g

A
- 牛奶…120g
- 鮮奶油（乳脂肪成分35%）…50g
- 即溶咖啡…2g

奶油…50g

咖啡冰淇淋

A
- 牛奶…350g
- 香草籽醬…1g
- 砂糖…70g
- 蛋黃…4個

B
- 咖啡萃取精華*1…1g
- 即溶咖啡…10g

鮮奶油（乳脂肪成分35%）…80g

杏仁蛋白餅

蛋白…130g
細砂糖…70g
糖粉…130g
帶皮杏仁粉…40g

咖啡奶油餡

A
- 牛奶…90g
- 細砂糖…95g
- 海藻糖（Trehalose）…95g
- 全蛋…55g

奶油…500g
咖啡萃取精華*1…10g
熱水…10g
即溶咖啡…2g

咖啡風味杏仁海綿蛋糕

杏仁海綿蛋糕
酒糖液*2（imbibage）…各適量

山崎果凍

水…100g
威士忌（三得利山崎）…60g
細砂糖…20g
動物膠（SOSA公司 Instangel）…5g
咖啡萃取精華*1…1g

組合

巧克力鏡面淋醬*3（Glaçage au chocolat）
咖啡蛋白糖*4（Opaline）
脆麥粒*5

＊1　TRABLIT Extrait de cafe
＊2　水100g和威士忌（三得利山崎）20g煮至沸騰，加入細砂糖10g和即溶咖啡30g溶化而成
＊3　Valrhona的 pâte glacé noir
＊4　添加咖啡萃取精華製作的糖片（Opaline）
＊5　焦糖化的熟麥粒

［製作方法］

模板

在厚3mm的壓克力片上挖出長邊爲8cm的橢圓形，作爲模板。此時挖出的橢圓形是「模板1」、挖出後的壓克力片是「模板2」。

咖啡甘那許

❶ 隔水加熱融化覆蓋巧克力。
❷ 分3次將溫熱的A加入①。混拌。
❸ 確實乳化後，加入柔軟如軟膏狀的奶油。
❹ 將模板2擺放在貼有OPP（聚丙烯）薄膜的烤盤上，將③抹入後，拿起模板冷凍。

咖啡冰淇淋

❶ 用A的材料製作英式蛋奶醬。待加熱至83°C時，加入B融合。冷卻備用。
❷ 在①中加進鮮奶油，放入冰淇淋機攪打。
❸ 將模板2擺在貼有聚丙烯薄膜的烤盤上。將②抹入後，拿起模板冷凍。

杏仁蛋白餅

❶ 打發蛋白和細砂糖，製作蛋白霜，混入糖粉和帶皮杏仁粉。
❷ 在烤盤上舖放矽膠墊，放置模板2。將①抹入後，拿起模板，用上下火70°C的烤箱烘烤一夜，使其乾燥。

咖啡奶油餡

❶ 用A的材料加熱製作英式蛋奶醬。冷卻至35°C。
❷ 使奶油呈軟膏狀，用球狀攪拌器邊攪打邊少量逐次地加入①。
❸ 在②中混入咖啡萃取精華，並混入用熱水溶化的即溶咖啡。
❹ 將模板2擺在貼有聚丙烯薄膜的烤盤上。將③抹入後，拿起模板冷凍。

咖啡風味杏仁海綿蛋糕

❶ 將模板1放在杏仁海綿蛋糕（省略解說）上，沿著模型用刀子切出橢圓形。
❷ 用刷子刷上酒糖液使其浸潤。

山崎果凍

水、威士忌煮至沸騰，加入細砂糖、動物膠、咖啡萃取精華。

組合

❶ 在餐盤中用巧克力鏡面淋醬劃出5道波浪狀線條，晾乾。倒入山崎果凍，冷卻凝固備用。
❷ 由下依序疊放，依序是咖啡風味杏仁海綿蛋糕、咖啡奶油餡、咖啡冰淇淋、杏仁蛋白餅、杏仁海綿蛋糕、咖啡甘那許、咖啡蛋白糖。
❸ 將4顆脆麥粒，均衡地擺放裝飾。

100% 巧克力

100% Chocolat

(彩色第106頁)

[**材料**(30盤的份量)]

巧克力卡士達

牛奶 …100g
鮮奶油(乳脂肪成分35%)…100g
轉化糖(Tremorine)…25g
冷凍蛋黃(加糖20%)…45g
香草籽醬 …0.2g
板狀明膠 …1.5g
覆蓋巧克力(可可成分40%,Valrhona的Jivara Lactee)…70g
覆蓋巧克力(可可成分70%,Valrhona的Guanaja)…40g

可可果凍

水 …300g　　可可豆碎粒 …15g
細砂糖 …45g
動物膠(SOSA公司 Instangel)… 10g

可可酥粒(Streusel)

高筋麵粉 …300g　　可可粉 …50g
杏仁粉 …375g　　砂糖 …375g
奶油(軟膏狀)…375g
精製鹽 …5g　　小蘇打 …5g

巧克力香緹鮮奶油

A
鮮奶油(乳脂肪成分35%)…340g
香草籽醬 …0.5g　　細砂糖 …30g
水飴(葡萄糖)…30g
轉化糖(Tremorine)…30g

覆蓋巧克力(可可成分70%,Valrhona的 Guanaja)…240g
鮮奶油(乳脂肪成分43%)…600g

焦糖液(Caramel liquid)

細砂糖 …200g　　水飴 …130g
A
鮮奶油(乳脂肪成分35%)…450g
細砂糖 …50g　　香草籽醬 …2g

奶油(切成小塊狀,充分冷卻)…50g
鹽(蓋朗德產)…3g

巧克力冰淇淋(Glace chocolat)

牛奶 …650g　　蜂蜜 …35g
細砂糖 …140g
粉狀水飴(粉狀葡萄糖)…15g
安定劑(Vidofix)…3g
可可粉 …90g　　奶粉 …40g
鮮奶油(乳脂肪成分35%)…50g

可可果的糖殼

水、異麥芽糖醇(palatinit)、色粉(紅、綠)… 各適量
噴槍用巧克力
黑巧克力(chocolat noir可可成分55%)…200g
可可脂 …100g
巧克力用色粉(紅、黃)… 各少量
珍珠粉(柳橙)… 少量

組合

巧克力樹枝
葉片狀巧克力 … 各適量

[**製作方法**]

巧克力卡士達

❶ 用A作英式奶油醬。放入用冰水(份量外)還原溶化的板狀明膠。
❷ 少量逐次地將①加入2種覆蓋巧克力中,邊加入邊用攪拌器輕輕混合。用手持電動攪拌棒確實攪打至乳化。

可可果凍

❶ 用鍋子將水煮沸,放入可可豆碎粒,煮約5分鐘。
❷ 用廚房紙巾過濾①,加入溶化細砂糖、動物膠,再次過濾冷卻備用。

可可酥粒

❶ 過篩粉類。混合全部的材料,剁碎成適當的大小。
❷ 用170°C的烤箱烘烤10～15分鐘。

巧克力香緹鮮奶油

❶ 用鍋子煮沸A,加入覆蓋巧克力混合,確實乳化。
❷ 少量逐次地加入冰冷的鮮奶油,用手持電動攪拌棒混合拌勻。
❸ 靜置冷藏室一夜。翌日再打發使用。

焦糖液

❶ 細砂糖和水飴用鍋子煮至溶化,加熱至200°C。
❷ 與①同時地,將A放入另一個鍋中煮至溶化,加熱至80°C。
❸ 將②加入①,混合拌勻。
❹ 再次加熱③,加熱至108°C,熄火。
❺ 少量逐次將奶油加入④,用攪拌器混拌。
❻ 當奶油全部加入後,加入鹽,用手持電動攪拌棒混合拌勻。
❼ 倒入方型淺盤中,冷卻備用。

巧克力冰淇淋

❶ 溫熱牛奶,拌入鮮奶油之外的所有材料。
❷ 冷卻①,加入鮮奶油。
❸ 用冰淇淋機攪打製作。

可可果的糖殼

❶ 在鍋中放入異麥芽糖醇、水、色粉(紅、綠),熬煮至160°C。
❷ 將①倒至矽膠墊上,整合成團。
❸ 在專用吹管前端黏上②,在自製的可可果形狀的矽膠膜中吹入空氣製作。
❹ 從模型中取出糖殼,用加熱過的刀從吹管前端切開分離糖殼。
❺ 用噴槍將巧克力噴撒至③的表面。略略放涼後,再噴上巧克力色粉噴霧,用刷子刷上少量的珍珠粉。

組合

❶ 從可可果糖殼的開口處,依序擠入巧克力香緹鮮奶油、巧克力卡士達、可可果凍、焦糖液、可可酥粒、巧克力冰淇淋等。
❷ 將①擺在餐盤中,點綴上巧克力樹枝和巧克力葉片(省略解說)。

巴黎布雷斯特

Paris-Brest

（彩色第108頁）

［材料］

巴黎布雷斯特泡芙

泡芙麵團（約60個）
- 水 …250g
- 牛奶 …250g
- 細砂糖 …10g
- 鹽 …10g
- 奶油 …225g
- 高筋麵粉 …225g
- 可可粉 …25g
- 全蛋 …500g

可可脆皮（配方如下）
巧克力用色粉（焦糖）… 各適量

可可脆皮（croustillant）

奶油 …150g
砂糖 …185g
低筋麵粉 …60g
高筋麵粉 …60g
可可粉 …10g

鹽味焦糖（caramel beurre salé）冰淇淋

鮮奶油（乳脂肪成分45%）…400g
細砂糖 …40g

A
- 蛋黃 …12個
- 細砂糖 …260g
- 香草籽醬 …2g
- 牛奶 …400g

奶油 …50g
鹽 …0.5g

巴黎布雷斯特奶油餡

A
- 牛奶 …500g
- 鮮奶油（乳脂肪成分35%）…90g
- 細砂糖 …105g
- 冷凍蛋黃 …115g
- 卡士達粉 …50g
- 香草籽醬 …6g

帕林內（praliné）（自製）…220g
杏仁帕林內 …45g
奶油（切成方塊，充分冷卻備用）…280g

裝飾糖棍

水飴 …100g
水 …100g
細砂糖 …400g
色粉（綠、紅、黃）
珍珠粉 … 各適量

組合

焦糖粉
焦糖醬
焦糖榛果和杏仁果
鹽（蓋朗德產）
金箔 … 各適量

［製作方法］

巴黎布雷斯特泡芙

❶ 製作泡芙麵團。在鍋中放入水、牛奶、細砂糖、鹽和奶油，加熱。
❷ 待①沸騰後，一次加入完成過篩的高筋麵粉、可可粉，用木杓快速地混拌。
❸ 至②的水分略蒸發後，移至桌上型攪拌機的缽盆中。
❹ 用葉型攪拌槳混拌③，待降溫，少量逐次加入常溫的全蛋液。
❺ 至適當的硬度時（視硬度調整全蛋液的份量），放入裝有 #12擠花嘴的擠花袋內，擠成直徑6cm的甜甜圈形狀，放上可可脆皮（後述）。
❻ 以上火160°C、下火180°C的烤箱烘烤30分鐘，翻面，再烘烤10分鐘。
❼ 冷卻後噴上巧克力色粉噴霧。

可可脆皮

❶ 將所有的材料加入軟膏狀的奶油中，混合拌勻。
❷ 以 OPP（聚丙烯）薄膜和矽膠墊包夾①，用擀麵棍擀壓成2.8mm的厚度。冷凍。
❸ 用直徑6cm和直徑4cm的圈模按壓出甜甜圈狀。

鹽味焦糖冰淇淋

❶ 製作焦糖。將細砂糖40g放入鍋中加熱，至呈焦糖色後，加入鮮奶油混拌。
❷ 以摩擦般混拌 **A**的蛋黃和細砂糖，加入香草籽醬和煮至沸騰的牛奶混拌。加入①的焦糖，製作成英式蛋奶醬。
❸ 加熱達83°C的②中放入奶油、鹽使其融合。冷卻後用冰淇淋機攪打製作。

巴黎布雷斯特奶油餡

❶ 用 **A**製作卡士達醬，在溫熱狀態下加入帕林內和杏仁帕林內。
❷ 在①溫熱的狀態時，少量逐次地加入冰涼的奶油，用手持電動攪拌棒確實混拌使其乳化。冷凍。
❸ 使用時解凍，邊用噴槍溫熱鋼盆外側，邊用直立式攪拌機攪拌。

裝飾糖棍

❶ 水飴、水、細砂糖放入鍋中加熱，熬煮至165°C。用色粉染成茶色，加入珍珠粉。
❷ 攤放在矽膠墊上，待至適當的硬度時，細細地拉開。切成適當的長度。

組合

❶ 將巴黎布雷斯特泡芙橫向平行分切爲二，下方的泡芙填入鹽味焦糖冰淇淋，再接著擠上巴黎布雷斯特奶油餡。
❷ 將切成甜甜圈形的壓克力模板放在盤中，篩上焦糖粉（省略解說），取下模板用噴槍略加熱其融化。將①盛盤。
❸ 淋上焦糖醬（省略解說），擺放焦糖榛果和焦糖杏仁果及少許鹽。
❹ 插入裝飾糖棍，以金箔裝飾。

EASY COOK

DESSERT 新銳糕點師餐廳的獨創盤式甜點
作者　加藤順一／小林里佳子／加藤峰子／浅井拓也／西尾萌美
翻譯　胡家齊
出版者 / 大境文化事業有限公司　T.K. Publishing Co.
發行人　趙天德
總編輯　車東蔚
文案編輯　編輯部
美術編輯　R.C. Work Shop
台北市雨聲街77號1樓
TEL：(02)2838-7996　FAX：(02)2836-0028
法律顧問　劉陽明律師 名陽法律事務所
初版日期　2021年6月
定價　新台幣980元
ISBN-13：9789860636901　書　號　E121

讀者專線　(02)2836-0069
www.ecook.com.tw
E-mail　service@ecook.com.tw
劃撥帳號　19260956 大境文化事業有限公司

DESSERT 新銳糕點師餐廳的獨創盤式甜點
加藤順一／小林里佳子／加藤峰子／
浅井拓也／西尾萌美　著
初版. 臺北市：大境文化，2021　216面；
21×27.2公分. ----（EASY COOK系列；121）
ISBN-13：9789860636901
1.點心食譜
427.16　　110004341

撮影　鈴木陽介(Erz)／ラルジャン
水島 優／メゾン
熊原哲也／ファロ、オテル・ドゥ・ミクニ、萌菓
撮影協助　宗像堂
採訪、撰文　加納雪乃／メゾン
柴田 泉／オテル・ドゥ・ミクニ
美術編輯、設計　吉澤俊樹 (ink in inc)
編集　丸田 祐